擬眞
食物造型蠟燭

李曾霈（端端）— 著

媽媽說不可以玩食物，但這裡可以！

》用蠟材做出 **32** 款逼眞美味

U0021273

Handcraft Food Themed Candles

推薦序

蠟燭的形象一直是開放和傾注的存在，曾霈（端端）以自身對事物的敏感度，在食物和日常物品中發現美，開拓了眾人對美物的視野。

身為端端高中時的班導師，我看見她將課堂上學習到的色彩及造型技巧，結合她獨有的精細創作手法，發揮在畢業展上。如今，她又將這份創意延伸到自己的事業領域上，將美學涵養帶入蠟燭作品中，果真走出了自己的一條路。

從這些擬真食物蠟燭上可看出，她對食物細節的觀察細膩入微，且擅於運用嶄新素材和鮮豔色彩，很靈活的使用各種蠟材以及簡單有趣的上色技巧。不論是魚丸湯、糖葫蘆、鬆餅還是氣泡飲，都鮮活得讓人眼睛為之一亮！

在端端的創意下，蠟燭不再是低調微小的尋常物，它們既是為人思量的藝術商品，更是獨特的生活美學。柳宗悅：「工藝，唯有透過使用才會產生美」。她讓「用」成為生活美藝的泉源。

希望端端獨有的創意技法，以及對生活美學的態度，能傳遞給這本書的讀者，進而將美學藝術體現在我們所處的視界。

敬此篇序，愛樂與大家分享。

復興商工美工科教師　廖珈慧

自序

「擬真食物蠟燭」是令人驚奇又感到有趣的手工藝創作，不僅是因為，我們不再只是做出一個平凡無奇的蠟燭作品，而是創作出真假難辨的藝術品；也包括讓我們沉浸於製作過程中，透過對色彩和生活的觀察，使用「蠟」這個大家所熟知的媒材，變化出一個個精緻的漂亮作品，其中的成就感是無可替代的。

我本身就對手工藝有莫名的熱情。高中唸美工科時，喜歡用黏土做食物造型的袖珍模型。2018年大學時，台灣正逢手工蠟燭風潮興起，也是我第一次接觸到手工蠟燭。當時的蠟燭造型多半是比較普通的柱狀蠟燭，不僅在溫度及重量上要謹慎測量，確保成品的美觀以外，其他大多也是將蠟灌入模具後，再脫模簡單組裝而成。這些成品雖美，對我來說，卻少了點變化的樂趣。

於是我將自己對蠟燭的了解加以研究，不再拘泥於溫度與重量比例，精力大多放在如何充分運用每種蠟的特性，以及摸透它們所能呈現的質感。

以前做袖珍模型時，就是愛做食物造型，所以現在媒材轉換成蠟時，也特別想針對食物做研究。我開始嘗試將不同種蠟材的塑形方式，結合黏土

的技法，從測試效果到成功找出自己覺得滿意的質感，期間經歷了無數次的失敗。最後，第一碗牛肉麵蠟燭誕生了。

食物是我們最熟知、每天都會接觸到的日常事物，用蠟藝呈現出擬真食物的種種細節，是相當值得大家琢磨，而且可以無限研究的手工藝技法。

對擬真食物蠟燭有興趣的學員，常常會問我：「該如何從無到有進行蠟燭創作？」

首先，請找出自己想做的類型及方向，你不必跟隨潮流或是網路的流行，先聽聽自己的內心：「我最喜歡也最感興趣的是什麼？」例如：「我特別喜愛鹹食，沒那麼喜愛甜點，但現在大家都愛做甜點造型，是否我也該先從大家熟知的甜點造型下手呢？」

如果你曾經有這種困擾，無論你是新手或是已有蠟燭實作經驗，請嘗試放下跟隨流行的創作思維，跳脫出以往製作蠟燭的觀點，拋下認為「製作蠟燭必須依靠模具，才能製作精美作品」的傳統觀念。

讓我們從新的角度與玩蠟邏輯，創作出屬於自己風格的作品。無論是想在家 DIY、製作禮品送親朋好友，或是想全神貫注在自己的創意之路，這本書都能夠有效引導你，一步步享受「創意蠟燭」這條療癒道路。

感謝陪伴我的愛人及家人，所有支持我的學生粉絲們，出版社以及我的夥伴們大力協助，才能夠讓這本書誕生、讓我投注這幾年對食物蠟燭的熱情及技術在這，也讓我從一個單純喜歡手工藝的女孩，一步步成立品牌，直到成立協會，成為推廣這門技藝的理事長。一路以來都是因為你們，才有今天的我，我將會帶著大家的支持，繼續在自己熱愛的領域上，做出更奇葩有趣的作品給大家。

李曾羿
端端

目錄
CONTENTS

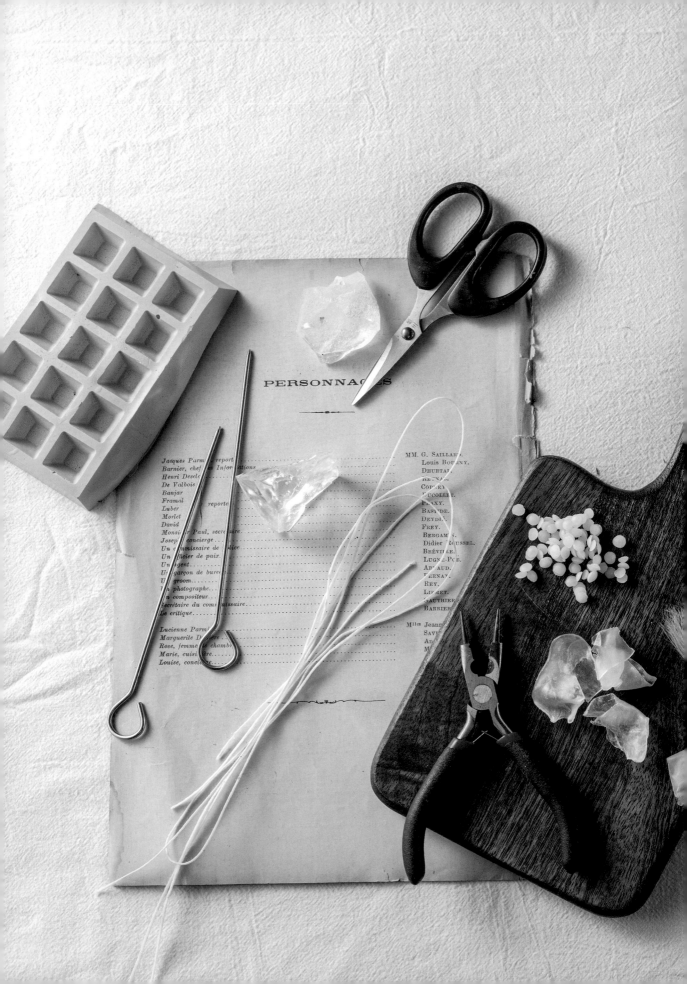

Chapter
01.

擬真食物蠟燭的
基礎製作

|1.1| 製作蠟燭的基礎工具]

工欲善其事，必先利其器！在成為美食蠟燭「廚師」之前，先來認識
各式各樣的基礎工具。

工具在蠟燭創作上扮演重要角色，但你絕對不是一定要花費龐大的預
算在這裡。先從家中現有的取用，備妥必須的器具之後，再依照自己
創作時的習慣，進一步購入適合自己的工具即可。以下，我會帶大家
用一些經濟、實惠的方式來選擇工具。

基本的蠟燭製作工具，在五金行和十元商店
即可取得。

① 攪拌湯匙：攪拌蠟材
② 剪刀：剪斷配件
③ 刮刀：清潔桌面或切大面積蠟材
④ 燭芯針：穿燭芯孔
⑤ 顏料刷：彩繪上色
⑥ 水果刀：切取蠟材

「 **電磁爐** | *Induction Cooker* 」

「 **不鏽鋼鍋** | *Stainless Steel Pot* 」

「 **秤** | *Scale* 」

可調段式、儀表板清楚的電子爐較安全，若沒有電子爐，也可以使用小型鐵質加熱爐。許多人會問，隔水加熱蠟材是否合適？我其實不建議，因爲蠟屬於油質，油與水不相容，若操作時不小心將水滴入蠟液中，很容易造成噴濺。就好像大家把沾水的魚或菜放下油鍋的瞬間，總是要小心躲避，以免噗滋噗滋的油往臉上噴。

可依照自己的需求去選擇鍋子的大小。建議準備5~6個小鋼鍋，方便調色時進行分類，在大創、一般的五金行百貨或49元商店即可購入。請選擇有手柄的鍋子，因爲熔蠟時，金屬導熱後溫度會相當高，有手柄操作起來會更方便安全。

用來秤量蠟材和香精，才不會一下子使用過多的蠟，造成作品完成後剩餘過多的廢蠟，在保存廢蠟上花工夫。一般來說，電子秤市價約落在200~300元之間，注意秤的面板面積不要太小，否則操作時，盛裝蠟材的鍋具容易擋住顯示刻度的螢幕，會很不便利。

帶手柄的不鏽鋼鍋。

可使用電子秤，最小秤重重量為1g的精確度最佳。

推薦使用可調溫、不挑鍋的電磁爐（例如大家源微晶爐），能有效控溫，安全性也較高。製作蠟燭時，難免蠟液會濺出，這種光滑面板的電磁爐相當好清潔，面積也大，可同時擺放多杯蠟材，操作起來更順暢省時，價位約落在1000~1500元內。

小型短柄不鏽鋼鍋，蠟量不多時可以使用。

「模具」 *Mold* 04.

「燭芯針」 *Candle Wick Needle* 05.

常用在製作大量配件，或是製作一些基礎造型的蠟燭裝飾上。例如：巧克力片、水果裝飾片、基本柱狀蠟燭等。普遍最常使用的以壓克力模具和矽膠模具爲主，金屬壓模爲輔。製作蠟燭時，多半需要在較高溫度下操作，所以很少使用到不耐熱的塑膠（例如 PVC 材質）或其他不耐熱材質。

用在造型蠟燭穿孔，建議使用金屬材質的燭芯針，才足夠堅硬在凝固硬化的蠟燭上穿孔。燭芯針以打火機加熱，趁鐵針溫度還夠時，在蠟燭上穿孔，並盡量穿在蠟燭正中間，未來蠟燭被點燃時，才可以均勻燃燒。

燭芯針長度建議 15 公分以上，方便在較高的蠟燭作品上穿孔。

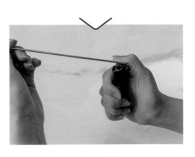

以打火機加熱燭芯針。

上爲壓克力模具，以製作簡單光滑的柱狀蠟燭爲主；下爲矽膠模具，可製作出非常精緻的細節。

燭芯針加熱後，即可爲蠟燭穿上燭芯孔。

攪拌蠟材用。不鏽鋼製的長柄湯匙、鋼筷方便清潔；請避免使用吸管、塑膠棒這類不耐熱的材質，以免熔化變形。此外，木棒、筷子及竹籤等帶有氣孔的攪拌工具，在操作部分種類的蠟材時，容易將空氣一起攪拌進去，造成後續製作蠟燭的困擾，也應避免。

金屬材質的攪拌湯匙方便清潔而且耐用。

記得選擇不吸油的材質，以免蠟液滲透，以廣告紙、銅版紙等紙材最佳。使用銅版紙的好處是，當蠟液不慎灑出，在還沒凝固前，先不要急著擦拭，可以等蠟液凝固呈霧面後，再直接整片除去即可。

鋪材要避免使用塑膠材質，因為工作流程繁複時，容易不小心將加熱過的鍋具擺在上面，造成塑膠熔化。也要避免使用報紙，報紙跟廣告紙不一樣，上頭的油墨會跟本身也是油脂的蠟相互染色，造成蠟燭髒污。

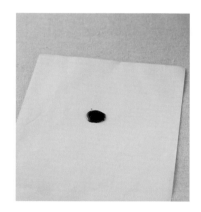

不吸油的廣告紙、銅版紙，好清潔不滲透，可當試色板使用。試色時，蠟滴的飽和度高。

易吸油的報紙、一般影印紙，容易讓蠟液滲透到桌面。用這種材質試色時，蠟滴飽和度低，不適合試色。

「熱風槍」 *Heat Gun* 08.

「打火機 打火槍」 *Lighter* 09.

「刮刀 刮板」 *Spatula* 10.

工業用熱風槍溫度可達200℃以上，故常常用來軟化蠟材。在蠟燭表面不平整，需要修整時，或是需要的蠟液所剩不多，必須快速熔解少量蠟材時，都能用熱風槍加熱。但若是要將蠟材完全熔化，還是以電子爐加熱為佳。

用途類似熱風槍，但熱風槍屬於大面積的加熱表面，用打火機可局部小面積的進行蠟燭飾品貼合、瞬間加熱。打火機種類不限制，但不建議使用防風打火機，因為它的火源過大，很難控制要加熱的範圍，容易一不小心就熔化到周圍的蠟燭，建議可購買最普通的打火機。若怕燙到手，可選擇長嘴的打火機。

是製作蠟燭時，相當常使用且方便的工具之一。當蠟液不慎灑出時，在還未凝固前，不需要急著擦拭掉，可以等蠟液凝固，表面呈現霧面後，再直接整片除去即可。刮刀請選擇不銹鋼的材質為佳，無需特別保養就很耐用。一把刮刀（或刮板）價格約落在 25~50 元，依照刮刀的尺寸有價格上的差異，可依照個人需求或習慣，去選擇需要的刮刀樣式及尺寸。

工業用熱風槍功率較高，加熱也快，而且價格划算，大約 500 ～ 700 元之間，方便使用且相當耐操。

一般的打火機就足以用於蠟燭製作了。

使用刮刀清潔桌面上的殘蠟。

「剪刀」 Scissor 11.

準備一把足夠銳利的剪刀，剪取色塊或修剪蠟燭配件時使用。請不要選擇兒童用或安全剪刀，因為如果不夠銳利，會不容易剪斷材料。剪刀也可用來剪燭芯或果凍蠟。果凍蠟質地較硬且有彈性，徒手剝取相當不易，所以用剪的會較為安全。

使用剪刀剪取果凍蠟。

「顏料刷」 Paint Brush 12.

製作擬真食物蠟燭，除了基底色要調製恰當，再來最重要的就是上色。用顏料刷在蠟燭表面上色，可讓作品更有層次感。可選擇不容易掉毛的筆刷，以免上色過程中，掉毛殘留在作品上。可至文具行或網路購買專家級的水彩筆、翻糖蛋糕專用的筆刷，或是尺寸較細、毛質較粗硬的油漆刷，都是相當好的選擇。

蠟在上色過程中會逐漸冷卻，造成毛刷硬化，需隨時沾取熱的蠟液以加熱保溫，因此，挑選毛質堅韌且蓬鬆的顏料刷，才能順暢的上色。

「烘焙紙」 Baking Paper 13.

烘焙紙的用途在於防止蠟沾黏，以及在蠟燭塑形時作為輔助使用，可以在一般烘焙材料行和日用百貨商行取得。將熔化後的蠟液，倒在稍微揉出皺褶的烘焙紙上，等待蠟液凝固後，即可做出極度擬真的派皮、酥皮紋路。烘焙紙的剪取尺寸，需要略大於要做的成品尺寸。例如要做 5 × 5 公分的派皮，烘焙紙就要約 8 × 8 公分或以上，以免倒蠟時，蠟液流出烘焙紙外，造成塑型失敗。

烘焙紙除了防止桌面髒污，也可用來輔助塑型蠟材。

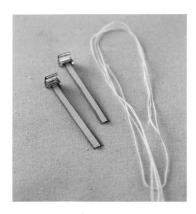

右邊是做蠟燭最常用的棉質燭芯；
左邊是木片燭芯，常用在罐裝香氛
蠟燭，較有情調和氛圍。

製作擬眞蠟燭時，最常用到的就是基本的棉質燭芯。點燃蠟燭後，熔化的蠟液會透過「毛細現象」，順著燭芯而被牽引上去，如此火才能夠順利的燃燒。

我們通常會依照完成品的大小，來決定燭芯的尺寸和粗細。一般來說，蠟燭成品高度 3~5 公分，選擇小尺寸燭芯；5~7 公分高，選擇中尺寸燭芯；7~9 公分的則選擇大尺寸，依此類推。

剪取需要的燭芯長度做使用。

TIPS

燭芯尺寸過粗，點燃時很容易起煙，而且一旦火苗過大、周圍蠟液熔太快時，可能使周圍燭液淹沒燭芯造成熄滅。燭芯尺寸過細，則點燃時周圍的蠟無法受熱，造成蠟燭呈現「洞穴現象」（意指蠟燭燃燒不完全，只有中間熔化，無法燃燒到外圈，這種凹槽外觀看起來就像洞穴，故稱爲「洞穴現象」，其中又以容器蠟燭最容易出現這種狀況）。

除了矽膠模以外，使用其他的模具前，都請記得噴或抹上離型劑（成分爲矽油），或者是凡士林，以免無法脫模。矽膠模耐高溫，能承受 200℃，而蠟燭最高溫也只有 100℃，所以不用擔心溫度過高無法脫模。

使用金屬模具、壓克力模具前，
需要噴上離型劑以利脫模。

TIPS

若使用壓克力模具（PC模具），請避免在蠟液溫度高於 90℃時倒入，因溫度過高會造成蠟液沾黏在壓克力模具上，無法脫模。此時可放進冷凍庫數分鐘後取出，輕輕倒扣，即可取出蠟燭。

使用蠟材前，先了解蠟燭的種類

學習一連串的擬真蠟燭製作之前，先簡單介紹「蠟」這個貫穿整本書的媒材。蠟分為「人工蠟材」以及「天然蠟材」兩大類別，人工蠟包括石蠟、果凍蠟等，而天然蠟有大豆蠟、蜂蠟（蜜蠟）、棕櫚蠟。

蠟的變化性相當大，應用範圍不僅僅限於香氛蠟燭、造型蠟燭或蠟像。購買材料時，販售廠商通常會標示「此蠟材應用的蠟燭類別」，常常搞得新手一個頭兩個大，究竟什麼是「容器蠟燭」？什麼是「柱狀蠟燭」？但只要了解它們之間的差異，在未來區分材料上就能更加清楚明瞭，再也不怕看得滿頭問號！

為什麼要先了解這兩種蠟燭的差異呢？因為市面上蠟材百百種，我們需要知道它們的特性。

簡單舉例，如果我們今天將「柱狀用大豆蠟」使用在「容器大豆蠟」作品上，等到蠟燭凝固後，會發現玻璃罐中的蠟與容器分離了，這是因為「柱狀用大豆蠟」會有收縮性，所以我們將它應用在模具上，而非應用在製作容器蠟燭中。

深入了解蠟材特性，製作過程中，才不會因為用錯蠟材而狀況百出，導致不必要的失敗喔！

賣家通常會在蠟材的外包裝上，標示出是給容器蠟或柱狀蠟使用。

■ 容器蠟燭

是一種以容器（玻璃杯、燭杯、陶瓷杯、碗等）所盛裝的蠟燭種類，最常用來製作香氛精油蠟燭。以擬真食物蠟燭的作品為例，飲料蠟燭就是屬於容器蠟燭。

■ 柱狀蠟燭

沒有裝在容器裡的蠟燭，包括食物、蛋糕、擬真動物蠟燭等，都屬於柱狀蠟燭。

大家常見的罐裝香氛蠟燭，即是容器蠟燭。

裝在碗中的譚仔米線蠟燭，也是容器蠟燭。

造型逗趣的擬真動物蠟燭，也是一種柱狀蠟燭。

SOY WAX
大豆蠟 →

大豆蠟是現代人追求天然的首選蠟材之一，卽使沒加入香精，本身也有著淡淡的奶香味。由於大豆蠟在操作過程中相當好控制，溫度也安全不燙手，點燃起來較穩定無黑煙，所以是本書示範造型蠟燭時最常使用到的蠟材。

┌ 46℃ ┐ 低溫大豆蠟 │ *Low Temp Wax* │ *a.*

┌ C3 大豆蠟 │ *C3 Soy Wax* ┐ *b.*

顧名思義卽是在 46℃ 左右卽可熔化。由於熔點低，此蠟的質地相當軟，放於手中，在人體的溫度下，卽可感受到微微的油感。這種蠟材適合製作杯裝的容器蠟燭，熔點低的特性能夠使蠟更加貼緊杯壁。

本書最常使用的蠟材，熔點約在 52℃ 至 54℃ 之間，比 46℃ 低溫大豆蠟的熔點高。我們通常會用 C3 大豆蠟製作一些需塑形以及簡易製作的小配件。此蠟用途與 46℃ 大豆蠟相似，但因爲 C3 較硬一點，塑形起來不會那麼黏手，所以可以用來製作湯圓、麻糬、紅豆顆粒，或是黏稠、不透明泥狀食材，甚至是雲朵造型等配件。

C3 大豆蠟通常呈現片狀型態。

C3 大豆蠟適合用來製作造型蠟燭的配件，如丸子、白玉麻糬、小型配件、奶油內餡。

TIPS → 蠟是油脂類，比重比水輕，所以當手沾到蠟時，用水清洗反而會愈洗愈結塊。請改用酒精清潔，才能去除蠟的油脂。

「 PB 大豆蠟 」 *Pillar Wax*

簡稱柱蠟，熔點在 56 至 60℃，屬於硬度高的大豆蠟材料，多用來製作搭配模具的柱狀蠟燭作品上，不可用來製作容器蠟燭。PB 蠟有收縮性，若與 C3 大豆蠟搞混而用來製作容器蠟燭，裡面的蠟凝固後會收縮，與杯壁脫離。

> TIPS

想做柱狀蠟燭，但手邊沒有 PB 蠟怎麼辦？

如果沒有 PB 蠟，可以使用 C3 大豆蠟加白蜜蠟，以 7：3 的比例去調配。白蜜蠟具有收縮性，可加強 C3 大豆蠟的硬度跟光滑度，有助於脫模。如果也沒有白蜜蠟，也可以改用 C3 大豆蠟加硬脂酸。

硬脂酸是從植物中提取的脂肪酸，呈白色細粒結晶狀，熔化溫度高，具有去除石蠟中氣泡的作用，也能增加蠟的硬度、提高收縮率、延長燃燒時間等效果，但不可加太多，以免造成大豆蠟過硬或過脆。

如果想用硬脂酸製作能夠脫模的柱狀蠟燭，可以參考以下配方：

硬脂酸 10g +
C3 大豆蠟 400g +
蜜蠟 100g

= PB 大豆蠟 500g

PB 蠟呈大塊狀，但每家廠商製造的可能有所差異，挑選最適合自己的即可。

PB 大豆蠟適合用來製作造型蠟燭的主體，如蛋糕體、餅皮。

使用矽膠模具搭配 PB 蠟製作的柱狀蠟燭。

使用 PB 蠟製作蠟燭，脫模後的成品漂亮不沾黏。看到這裡，你發現了嗎？前面使用 46℃ 大豆蠟或 C3 大豆蠟時，都不是用在需要「脫模」的物件，而是使用在「希望能呈現出較軟、好塑形狀態」的配件上。

果凍蠟 →

可用來製作飲料蠟燭，或是擁有 **Q** 彈質感的蠟燭湯。大致分為兩種最常使用的類型：軟果凍蠟和硬果凍蠟。

「 軟果凍蠟 」 | *Soft Gel Wax (MP)*

質地觸摸起來明顯較 Q 軟，很輕易就可徒手剝開，熔點落在 60 至 70℃。軟果凍蠟只能使用於容器中，若不小心與硬質果凍蠟搞混，誤用在製作無容器盛裝的作品上，過一陣子作品可能會熔化塌掉（台灣的夏天相當炎熱），是初學者容易犯的錯誤。軟果凍蠟常用來製作湯汁、飲料液體、造型海洋蠟燭等。

軟果凍蠟需放入不鏽鋼容器中加熱使用。

以軟果凍蠟製作的湯汁蠟燭。

「 硬果凍蠟 」 | *Hard Gel Wax (HP)*

質地 Q 但是韌度較高，跟軟果凍蠟相比較不容易徒手剝開，可用剪刀剪成小塊。熔點落在 75℃，不用靠容器盛裝，可以製作各種柱狀作品，如漂浮的冰塊、水晶洞內的水晶塊，以及飲料裡的珍珠。應用範圍相當廣，能夠變化出各種不同的造型。

硬果凍蠟的質地比軟果凍蠟硬，更需要以剪刀剪取，徒手不易剝開。

硬果凍蠟製作的擬真水晶洞蠟燭。

硬果凍蠟也時常用來製作漂浮的冰塊造型。

石蠟 ⟶

是石油提煉的蠟材,屬於非天然蠟材,外觀呈現無色半透明,在傳統蠟燭工法中,相當廣泛的拿來使用,至今大量生產的蠟燭也持續以石蠟製作。

點燃或加熱熔化石蠟時,會產生較明顯的臭味,煙霧很明顯。現今人們開始注重健康,居家蠟燭漸漸以天然大豆蠟或蜂蠟為主,但石蠟獨有的半透明質感,在製作造型蠟燭上有不可替代的方便性及效果。所以做擬真食物蠟燭時,我們會利用石蠟明顯的半透明效果,製作水果類或生菜等需要較高透明度的作品。

石蠟依熔點高低,又分為三類型:

120 石蠟的熔點低,以指甲輕刮蠟的表面會產生凹痕,適合製作塑形類以及薄片效果的蠟燭,如貢丸湯裡的蔥花、生菜蠟燭以及寶石蠟燭。其質地好切割,可直接用刀子切取使用,可創造自然的薄片作品以及呈現光滑的寶石切面。

140 石蠟的熔點適中,時常使用在柱狀蠟燭、造型蠟燭上,如水果蠟燭。

150 石蠟的熔點高、硬度高,無法輕易用刀子切斷,需使用鐵鎚敲碎後加熱使用,適合製作基底、燭台等外殼造型,但製作擬真食物蠟燭基本上不會使用這麼高熔點的蠟。

120 石蠟適合拿來製作薄片作品,例如生菜片蠟燭和寶石蠟燭,因為它的熔點最低,可直接用刀片切割出或是鋪平成想要的造型。而右圖的腸粉蠟燭則是利用石蠟的延展性和半透明特性,做出腸粉皮獨特的半透明質地。

黃蜂蠟 →

聞起來有蜂膠的味道，燃燒起來味道更加明顯。有延展性，可用來製作豆腐等凹凸不平的作品，可以靠手部推壓來塑形，所以相當適合拿來做配件。

黃蜂蠟。

以蜂蠟製作的豆腐蠟燭。

棕櫚蠟 →

從棕櫚葉中提煉出的天然蠟材，可分為雪花結晶、冰塊結晶、羽毛結晶等。加入蠟燭色料調色後，表面的結晶形態美得令人著迷。棕櫚蠟的熔點較高，約 70 至 75℃左右，結晶形狀會隨著倒入模具時的溫度不同而改變。

棕櫚蠟製作的石頭蠟燭。以低溫倒入模具，則紋路較細小、不明顯。

棕櫚蠟以高溫狀態下倒入模具，則結晶紋路愈美麗明顯。

上色材料

色塊 *Colour Chips* 01.

蠟燭色塊就是添加濃縮色素的小蠟塊，溫度須高於 60 ～ 80℃ 才會熔解（不同品牌的色塊會有所差異），屬於脂溶性色素（卽油溶性），不會溶於水中。

目前市面上以美國和韓國為最普及的色塊出產國家，每家的顯色度以及色彩都有些許差異，但價格相差不大，每種顏色 15 至 20 克，約落在新台幣 90 至 290 元不等。坊間亦有商家販售較便宜的色塊，但成色度較美國、韓國色塊差。

這些色塊無絕對的好或壞，也沒有哪個品牌比較好，可依照個人習慣和作品需求來選擇，但注意需選擇不會移染的色塊品牌，以免作品長時間擺放後變色。

Pigment Chips 是較不會造成移染的色塊品牌。

NOTE

左為蘋果麵包移染後的樣子，右為移染前，可看到明顯的分層。

什麼是移染？如何處理？

移染就是因色料選擇錯誤造成顏色交互染色，例如剛製作好的綠白雙色蛋糕捲，移染後，造成白色的奶油被外層的綠色蛋糕染到，顏色變得混濁。

如果成品已經移染了，該怎麼辦呢？我們可以把它調得比原來的顏色還要深（例如做成巧克力、Oreo 餅乾等），或是做成單色蠟燭。如此就可以重複利用，不會浪費材料喔。

「 蠟燭色液 」 *Dye* 02.

濃縮蠟燭色液的顯色力比色塊來得高，但移染性也高，適合製作單一色、相近色及漸層色作品，即使染色也不會影響蠟燭的美觀。例如：只有一種顏色的香蕉；獨立擺放、不會與其他蠟燭組裝在一起的草莓等。

要注意色液濃度比色塊高很多，每次沾取的量勿過多，以免蠟液顏色過濃。沾取時也務必小心，若不慎溢出，可盡速使用酒精擦拭或肥皂水沖洗，不要滯留過久導致染色。

美國與韓國同樣是大宗的色液廠商，兩者我皆有使用過，顯色力都相當優質，依照個人喜好去選擇即可。色液每 30ml 的價格，約落在新台幣 400 至 500 元不等。但目前製作食物蠟燭多半不會使用色液，可省略不購買。

「 酒精墨水顏料 」 *Alcohol Ink* 03.

在完成食物蠟燭的基底塑形前，是否感覺還少了些什麼？沒錯，除了調色和塑形，表面還需要添加可口的色澤，使視覺上更加美味。例如餅皮的烤色和玉米蠟燭的醬汁，都是運用酒精墨水顏料完成畫龍點睛的效果。

需要注意的是，因為含有容易揮發的酒精，沾取上色時要快，避免顏料接觸空氣太久而乾掉。

使用濃縮色液製作蠟燭，時間久了，深色區域的色素將會移染到淺色區域。

使用色液時，以滴管或牙籤尖端沾取一點點到蠟液裡即可。

酒精墨水顏料用於食物蠟燭的細節上色，可依照個人喜好決定使用的品牌。

1.4 | FRAGRANCE MATERIALS 蠟燭香氛材料

大家喜歡做蠟燭，除了因為製作過程療癒，再來就是能享受迷人舒適的香味！蠟燭作品除了造型之外，若帶入香氛元素，也能提升到另一個層次。

蠟燭專用香精 | Flavouring Essence 01.

專用香精較不易影響蠟燭的燃燒特性，與一般香薰機用的香精和香水不同。切記不可將日常使用的香水加入蠟燭中，它們多半有加酒精和額外添加物，會影響蠟燭的凝固和燃燒時的穩定性。使用專用香精時，建議用量占整體蠟材的 5 ~ 7%，不可超過 10%，因為油量過多，易造成煙霧過大等問題。

市面上有相當多的商家可選擇，一般在化妝品材料店、蠟燭材料行皆可購買。購買香精前，可先詢問商家是否提供小樣試香的購買，以免買到不符合喜好的味道，造成浪費。

天然精油 | Natural Essential Oil 02.

從花或其他自然物質中萃取，取得不易，一般使用在芳療、身心靈產業上。真正的精油萃取相當不容易，價位比人工香精更高許多。

精油揮發性高，放入蠟燭後味道較不明顯。現代人壓力大，漸漸有不少專門推廣複方精油紓壓及療癒的店家，使嗅覺及心靈達到更深層次的享受。

蠟燭技法應用

認識各式工具和蠟材等基礎知識後,接下來就要進入好玩的造型
蠟燭概念囉!

 蠟材的特性統整

決定了自己想製作的作品方向後,我們來統整不同蠟材的特性,才能選擇作品該使用哪種蠟。

熟悉各種蠟材特性後,就能自由透過不同特性變化出想要的質感,這部分很重要,必須將各種蠟材的質地跟禁忌摸熟,以免不同蠟材混合後,發生質地髒掉或過硬、過脆的問題。提前理解這些看似簡單,卻很多人常犯的錯誤,之後再進行操作,會更加順利。

以下將各種作品進行分類,大家可嘗試分析自己選擇蠟材的原因,看看在製作之前有沒有準確的選擇蠟材,這樣未來在創作上也更省事。

	品項和特性	蠟材選擇
	> 杯裝飲料蠟燭 · 必須裝在容器內。 · 質地呈現水潤、液態感。	軟果凍蠟
	**> 水晶蠟燭** · 不用容器裝即可穩穩站立，時間久了也不會塌。 · 質地Q彈、有水潤感。	硬果凍蠟
	**> 美式軟餅乾蠟燭** · 不用裝在容器裡。 · 酥脆、些微裂紋質感。 · 不光滑、粗糙。 · 紮實。	C3 大豆蠟為首選，因其質地軟、可快速塑形。PB 蠟質地硬，不適合塑形類作品，但如果今天是使用矽膠模具製作，即可使用 PB 蠟，因為它容易脫模，質地較硬，製作出的柱狀蠟燭表面光滑且更加美觀。 **NOTE** 模具製作的缺點就是做出來比較死板，沒有自己塑形出來的酥脆感，且需要時間等待，故想要做出自然且擬真的餅乾，我建議大家運用塑形技法來完成。
	**> 月餅蠟燭** · 不用裝在容器裡。 · 完美光滑表面的糕餅表皮。	PB 蠟搭配矽膠模或 PC 壓克力模具製作。 PB 蠟硬度高，容易脫模，適合製作表面光滑的作品。
	> 水晶洞蠟燭 · 石頭感、結晶紋路。 · 高溫倒入，結晶紋愈明顯；低溫倒入則紋路較細小不明顯。	棕櫚蠟。 凝固後呈現自然結晶紋路，用於做石頭、礦石蠟燭，甚至是一般柱狀蠟燭，都相當美麗。
	**> 水果櫻桃蠟燭** · 半透明多汁感。 · 水果的微透感。 · 質地堅硬需要搭配模具。	140 石蠟。 大多數人使用大豆蠟製作水果，但若想呈現水果多汁的樣子，用石蠟來製作，質感會更上一層次喔！
	**> 寶石蠟燭** · 半透明感，不像水晶一樣完全透明。 · 好切割、帶有軟度。 · 質地不油膩。	120 石蠟。 有軟度，相當適合製作需要塑形或切割角面的蠟燭作品。

以製作造型蠟燭來說，最常使用的模具可以分成下列三大類：
矽膠模具、壓克力模具與金屬模具。善用模具來輔助製作作
品，能增加豐富性及完整度。

品項和特性	用途
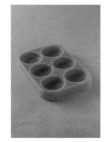 **> 矽膠模具** 非常好脫模，可自行製作，適合做各種細緻的配件。 市面上的矽膠模具相當便宜，依照模具細節複雜度，從十幾元到幾百元都有，但是製作特殊造型蠟燭時，往往無法購買到自己想要的模具樣式。所以，我們可以自己製作！做法請參考 P.31「翻模」。	• 蠟燭配件類 • 巧克力 • 馬卡龍 • 簡單的水果配件
 **> PC 壓克力模具** 脫模後成品光滑，但因材質關係，模具細節無法像矽膠模一樣細緻（例如動物毛髮）。	• 一般柱狀蠟燭 • 簡易造型蠟燭
 **> 金屬模具** 與壓克力模具的特性相近，但金屬材質耐高溫。	• 蛋糕主體 • 簡易造型壓模 • 餅乾蠟燭壓模

市面上有販售各種模具，但創作一段時間之後，總會有些特別想
要但無法買到的造型，這時候，你就可以自己動手做模具。

01 準備一個紙杯和要翻模的原型，此處以
水晶礦石做示範。

02 以紙杯比對好原型的高度，再剪下多餘
的部分。

03 用熱熔槍將原型固定在紙杯中，以避免
矽膠在固化過程中移動，造成翻模失
敗。

04 原型主體需要距離紙杯內壁至少 0.5 公
分，以免做出來的模具過薄容易變形。

 準備矽膠和硬化劑，兩者的比例為 100：1.25。

> **NOTE** 每 100g 的矽膠需要配上 1.25g 的硬化劑，也就是
> 「 矽膠用量 × 0.0125 ＝所需的硬化劑用量 」。

將兩者攪拌均勻，以順時鐘方向攪拌，邊緣的矽膠也要確實拌勻。硬化劑的添加量可以隨著天氣變化來調整，像夏天較熱，可減少用量，冬天則可以增加。

舉例來說：今天 28°C，氣溫高，我們可將硬化劑比例從 1.25% 減量為 1%；冬天氣溫低，硬化時間長，所以將硬化劑比例增加到 1.5%，減少硬化的時間。只要翻模物件愈大，或是氣溫在 25°C 以下的冬天，硬化時間都會延長。

06 確認攪拌均勻後，將材料倒入紙杯中，倒滿至看不到原型物件為止。等待至少 10 小時，至材料完全凝固。凝固後，即可取出模具。

TIPS

若發現材料表面沒有凝固，摸起來還是黏黏的，代表硬化劑攪拌不勻。若情況不嚴重，可繼續靜置至隔天再取出；但如果隔天摸起來還是軟軟塌塌的，代表加入的硬化劑比例過少，矽膠無法固化，導致此模具製作失敗。相反的，如硬化劑過多，也會使完成的模具過硬、過韌。

所以製作矽膠模時，在一開始的調製硬化劑與矽膠比例過程中，務必要添加確實。

Chapter 02.

從零開始，打好紮實「廚」藝

2.1 第一步：從觀察開始

製作擬真食物蠟燭最重要的地方，就是做出食物真實樣貌中最好吃的瞬間。像我們在餐廳櫥窗中看到的食物模型，有的甚至會重現筷子夾起麵條的樣貌，無論是油光、型態等都表現得恰到好處，讓人垂涎欲滴。

大家剛開始製作時，可以先參考我創作時的步驟，再摸索出一套最適合自己的創作方式！

STEP 01 　**選定目標**

選擇自己要製作的食物樣式，例如：「我要做好吃的蛋」。

STEP 02 　**想像畫面**

腦中先思考一輪，在你的印象中，這個食物最令你流口水、最好吃的畫面是什麼樣子？比方說，蛋的好吃狀態應該是半熟狀，而不是像水煮蛋的蛋黃一樣呈現乾乾的質感。

STEP 03 　**構思細節**

時間允許的話，不妨出門請自己吃一頓；但如果時間緊迫，可以上網找一些美食圖片，或是搜尋關鍵字。建議大家至少找 10 張以上的美食照，觀察每種食物的顏色，並且思考應該用哪種蠟材製作它。

$\dfrac{1}{2}$

① 荷包蛋蠟燭。

② 碗粿和滷蛋蠟燭。

🪨 觀察的重要性

對於製作擬真食物蠟燭來說，「觀察」到底有多重要呢？接下來，我以荷包蛋和滷蛋蠟燭的差異來舉例。

首先，荷包蛋跟滷蛋在外型上有哪些差異？前者是片狀，後者是橢圓雞蛋形狀；前者油亮油亮，後者光滑無油漬。再來是蛋黃色澤，煎荷包蛋因為是半熟狀態，所以蛋黃顏色偏橘黃；反之，滷蛋是全熟的，所以蛋黃顏色要接近淺鵝黃才會像，不然顏色過深，就會把它做成溏心蛋了。

這樣解釋，有沒有稍微了解顏色的重要性了呢？這些透過觀察所得到的細節，都是可以把食物蠟燭做得唯妙唯肖的關鍵訣竅。一掌握到這項食物看起來好吃的原因，就能開始針對細節，進行設計和創意規劃。

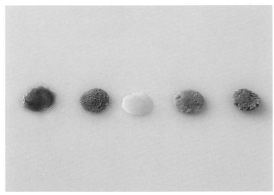

③ 由左至右為綠色調到紅色調的蠟液，哪一種顏色看起來比較可口？答案是右邊的偏紅色調。

④ 兩杯都是抹茶飲料蠟燭，但右邊偏藍的看起來就沒有左邊偏綠的來得好喝。

|2.2| PREPARATIONS 熔蠟與過蠟

製作蠟燭前,先確保有個安全的工作環境,其次就是認識基本的操作,但大致而言,不論使用哪一種蠟材,流程都大同小異。一起開始製作吧!

「熔蠟」 *Melting Wax* 01.

以使用一般的電磁爐來說,首先開啟中段的火力,等蠟材快要熔化時,停止加熱並且切換至保溫模式,以餘溫繼續熔蠟。如此可避免蠟燭持續的加溫,造成變質、變色,以及因為過高的溫度而起火。

01 依照需要的用量熔化蠟材。

02 蠟材快熔化時,即可關火,以餘溫加熱至完全熔化。

03 透過餘溫,讓蠟繼續熔化至完全熔解。

04 加熱至呈現透明狀且無漂浮蠟塊即可。

「 **燭芯過蠟** | *Wick Soaking* 」 *02.*

影片連結

燭芯使用前要先「過蠟」，讓燭芯沾裹上蠟液，之後點燃蠟燭時，蠟液才會透過毛細現象引流到燭芯頂端，順利點燃蠟燭，完整的過蠟動作可確保整條燭芯都能完整燃燒。

一般過蠟大多使用石蠟、蜂蠟或蜜蠟，燭芯硬度會較高。當然也可以使用大豆蠟，但其質地較軟，若大力彎折燭芯，容易導致燭芯碎裂剝落。想要避免剝落，可選擇帶有延展性的蜂蠟來過蠟。

市面上亦有販售已過蠟且安裝好底座的燭芯產品，相當方便，但這種燭芯的尺寸、長度皆已固定，所以要製作造型蠟燭時（特別是我們這種樣式多變的蠟燭作品），建議還是購買一卷未過蠟的燭芯。我們可預先準備長一點的燭芯並且完成過蠟，需要使用時再進行修剪，可省下不少的花費，操作上也不會太過困難。

01 剪取需要使用的燭芯長度。

02 將燭芯完全浸泡在蠟液之中。

03 泡入蠟液後，再取出燭芯並快速拉直，直到燭芯硬化定型。

使用不完的蠟液該怎麼處理？

若蠟液剩很多，可放入較小的鋼杯中，依照顏色分類好，下次就能直接取來使用。若蠟液已幾乎用完，但還有一些沾黏在鍋中，則有兩種處理方式：

1. 使用電子爐，加熱到蠟液開始熔化的狀態即可關火，再拿紙巾直接擦拭乾淨。小心燙手！
2. 使用熱風槍加熱到殘餘蠟液熔化，取紙巾擦拭。

使用熱風槍加熱 10 秒至鍋中殘蠟熔化後，用紙巾迅速擦掉。

影片連結

如何清潔蠟垢？

蠟液還未凝固前，都先不要急著拿布、紙巾去擦拭，會更難清理、黏手。應等凝固後，再使用刮刀或熱風槍處理，就不會有殘留。

蠟液大面積留在桌面時，請等完全凝固後，使用刮刀整片刮起。

以熱風槍稍微加熱桌面的蠟垢，熔化後取紙巾快速擦拭乾淨。

一開始接觸食物色彩學，相信大家都會感到緊張，怕調得不夠像，不知道應該加入多少分量的色塊，一不小心就將顏色調得太深；或是不清楚如何挑選出正確的色調，調配成理想的顏色。

在這個篇章，我會帶領大家認識基礎調色，到學會用幾個簡單的顏色，調出所有食物的樣貌。用對方法，就會減少製作上的失誤或是不必要的材料浪費。

認識八大色

從色彩三原色的原理中，我們知道只需要 8 種顏色，就能調製出各種美麗的色彩。本書使用的色塊，爲韓國產的「Pigment Chips 油熔性不移染色塊」的其中 8 大色，以下皆有標示色塊的英文名稱，供挑選時參考喔。

韓國 Pigment Chips
蠟燭專用色塊。

色塊顏色	英文名	說明		適用的食物
紅色	RED	色彩三原色之一，配上黃色能調成橘色；配上藍色呈現紫色。		草莓、紅色水果類
黃色	YELLOW	色彩三原色之一，配上紅色能調成橘色；配上藍色呈現綠色。		蛋黃、奶油
藍色	BLUE	色彩三原色之一，配上黃色能調成綠色；配上紅色呈現紫色。		蝶豆花、和菓子、馬卡龍
紅褐色	BROWN	偏紅的咖啡色，能調製出看起來很好吃的烤焦色澤。		餅皮烤焦色
淺棕色	BEESWAX	依照色塊加入的量能做出不同效果。加較多量，可以呈現焦糖色；加少量，可以呈現麵團烘烤前的基底色。		烘烤前的麵團（較淺的烘烤色）
綠色	GREEN	建議大家可以直接購買綠色色塊，使用上較方便，但如果希望節省一些費用，也能另外用黃色和藍色調成綠色。調整不同的比例，還能呈現藍綠色或黃綠色。		蔥、葉菜類、抹茶
黑色	BLACK	較少使用。基本上，只有調非常暗的顏色時，才會使用到黑色。初學者如果不想一次購買太多色塊，黑色可省略不買。 **想要調製深色，可使用對比色去調深，切勿加入黑色，才不會造成顏色髒掉。** **例如：紅色加綠色會變成深咖啡色，若要調得更深，可以增加兩色的分量，就能呈現出更深的咖啡色。**	←○ TIPS	海膽、黑豆
白色	WHITE	會用在本身不帶白色的蠟材上，例如果凍蠟或石蠟。 由於部分作品會需要不透明感，比方說，用硬果凍蠟製作奶黃色的布丁，但果凍蠟本身是完全透明的，若單純加入黃色色塊會無法呈現出奶黃色，所以會再加入白色來呈現效果。 不過，由於大多數的蠟材都是不透明的，所以白色色塊相對來說較少使用。		奶黃色布丁、牛奶

圖中分別為各色塊以及其蠟液凝固後的顏色。由於色塊是濃縮色素，本身看起來會比調製成蠟液時來得深，所以選色時，光看色塊原本的顏色是不準的呦！

調色 | *Colour Mixing*

調色是充滿趣味的過程，色料多寡會直接影響到蠟液的深淺，在配色上也會讓作品呈現不同的風格及樣貌。唯有一點，記得在使用深色色素時，切勿一下子加入過多的量，以免造成整份蠟液顏色變髒、變暗喔。

01 準備好完全熔化的蠟液，裡面應無任何殘留或結塊，並且呈現透明狀。

02 開啟電子爐，將色塊一片一片的慢慢加入蠟液中。切記不可一次加入過多色塊，不僅浪費，顏色也可能過濃。

03 將蠟液確實攪拌均勻。

04 確認蠟液中沒有漂浮的殘餘色塊，整體呈現乾淨的色澤，即調色完成。

TIPS

- 色塊需在 60℃ 以上才有辦法熔化完全，若蠟液溫度過低，色塊會無法熔解。
- 若剛開始對調色沒把握，就先慢慢加入色塊，等漸漸熟悉色塊與蠟液的比例後，就可以一次加到位喔！

「試色」 *Colour Testing*

調過色的蠟液因爲還處於液態，顏色較深，此時看顏色並不準確，需經由「試色」來確認是否達到我們想要調製的顏色。

試色方法是沾取調製好的色液，以「一滴」的分量（約一顆米粒大小），滴在試色紙上面。爲什麼不能只沾一點點色液，而是要用滴的方式呢？因爲蠟液如果沾取得不夠，顏色會看得不清楚，無法達到眞正準確的試色。

01 確認蠟液中的色塊已攪拌均勻，不然會導致沒攪散的部分顏色過濃喔。

02 將蠟液滴在白色或淺色的試色板上。

03 等待約 10 秒左右，蠟液會漸漸凝固。

04 蠟液凝固後，才會呈現正確的顏色。

新手入門！
簡單的食物配件

前面帶大家認識了蠟燭的基本製作概念，也詳細解說了各個「食材」的特性，現在，我們要正式進入製作擬真食物蠟燭的章節了。先從初階的簡易造型開始吧！

這一章將會應用不同的蠟材特性去製作成品，每種蠟都有獨特的質地跟手感，能充分模擬各種食物的特色。此外，透過方便取得的模具，甚至是廢物利用的布丁盒，就可以製作出各種水果、布丁等造型，用來快速裝飾我們的作品。

草莓和櫻桃蠟燭

Strawberry & Cherry Candle

〈 原 料 準 備 〉

* 此配方可製作約 5 顆草莓或櫻桃蠟燭。

- □ 140 石蠟⋯50g
- □ 紅色色塊
- □ 藍色色塊
   (想將色調調深時可以使用)

〈 廚 具 準 備 〉

- □ 電子爐
- □ 小型不鏽鋼鍋
- □ 攪拌湯匙
- □ 櫻桃模具
- □ 草莓模具

NOTE 為什麼使用石蠟,而非大豆蠟?
請參考 P.18〈認識蠟材〉。

草莓和櫻桃是相當適合裝飾甜點的小配件，當完成一樣飲品或甜品蠟燭時，在最後擺上一顆紅通通的櫻桃或草莓，會為作品增添視覺上的美味喔！看完前面的蠟材介紹，我們就來利用石蠟獨有的通透感，快速製作出漂亮的草莓和櫻桃蠟燭吧。

01 加熱熔化蠟材後，加入紅色色塊。若希望製作較鮮紅的草莓，紅色色塊可再多加一片；若想做偏紫紅的櫻桃蠟燭，只需加入極少的藍色色塊（約 1/5 片），就能呈現較深的酒紅色。

02 完成調色後，將蠟液分別倒入櫻桃及草莓模具中（圖中示範為櫻桃模具）。

03 等待蠟液完全凝固，摸起來沒有溫熱感之後，輕拉模具兩側，讓蠟燭從模具中分離。

04

脫模後，就完成草莓和櫻桃蠟燭了。

TIPS

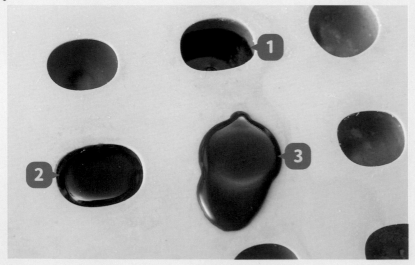

1 蠟液倒得太少。

2 標準。

3 蠟液倒得過多。

倒入模具時，必須將蠟液剛好倒滿。若沒有倒滿，出來的水果成品會只有一半；倒太滿，則蠟液會流到桌上。這兩點是不少人操作時常常忽略的小錯誤，需特別注意及小心。

雞蛋布丁蠟燭

Egg Pudding Candle

〈 原料準備 〉

黑糖漿配方

- ☐ 硬果凍蠟…15g
- ☐ 褐色色塊
- ☐ 黃色色塊
- ☐ 紅色色塊
  （調整色調用）

雞蛋布丁配方

- ☐ 果凍蠟…50g
- ☐ 黃色色塊
- ☐ 白色色塊

〈 廚具準備 〉

- ☐ 電子爐
- ☐ 小型不鏽鋼鍋
- ☐ 攪拌湯匙
- ☐ 空布丁盒

布丁是許多創意飲品中的常客，所以這款布丁蠟燭不僅可以當單品使用，加在其他飲料上，當作吸睛的配件也非常適合。利用硬果凍蠟獨有的質感，能做出擬真的外觀，也能模擬出非常相似的觸感！而且它的凝固速度比其他蠟材快，操作時不用漫長等待，只要簡單的步驟，加上一個吃完的布丁盒，就能輕鬆完成！

「 黑糖漿 」 *Brown Syrup*

01 將黑糖漿蠟燭的蠟材配方加熱熔化。

02 黑糖漿顏色深，所以我們可以將所有褐色和黃色色塊都加入果凍蠟中，為了接近黑糖偏紅褐的色澤，會再加入一些紅色。請一次加半片，依個人喜好去調整，切記不要一下子加過多，以免整個蠟液紅過頭。

03 調完色的黑糖漿，色調深淺應如圖中所示。

04 將黑糖漿蠟燭倒入空布丁盒中。

TIPS

倒入時，蠟液會因為表面張力而自動呈現平整狀態，所以等待凝固時不要搖晃布丁盒，以免蠟燭變形而凹凸不平。

05 換一個乾淨的鍋子，將雞蛋布丁蠟燭的配方充分加熱熔化，再將黃色跟白色色塊全部加入，攪拌至色塊均勻熔化爲止。

06 將調色後的蠟液，倒入前面的布丁盒中。

07 將蠟液倒至自己想要的高度後，等待模具內的蠟液完全凝固。

如何確認蠟液
是否凝固？

雙手壓住布丁盒兩側，稍微施力壓一下杯壁，若裡面無任何流動蠟液，且蠟燭與杯壁可以輕易分開，即是最佳凝固狀態。

TIPS

08 以倒扣的方式，將布丁蠟燭從布丁杯中取出。

09 完成後，可用來當作其他蠟燭的配件裝飾，或是穿入燭芯獨立成爲一件作品拿來送禮，都非常適合喔！

擬真蠟燭餡料

Candle Filling

餡料常使用在各個食物蠟燭上，我們可以看到百貨美食街的食物模型，或是美食頻道介紹食物時，都會特別將食物剝開，露出內餡。因為單看外表無法得知口味，所以切半的食物更能展現出它的口味跟特色，引發食慾。

內餡看似平凡，但在食物蠟燭中佔了舉足輕重的地位呢！例如大福內的紅豆泥、月餅的紅豆沙餡或奶油卡士達餡、小籠包的豬肉餡，都有餡料的存在。以下就來示範紅豆沙餡。

TIPS

〈 原 料 準 備 〉
* 此配方可製作 3 份餡料

☐ C3 大豆蠟… 50g
☐ 紅褐色色塊
☐ 紅色色塊
☐ 香精 2.5g
（自行決定是否添加）

〈 廚 具 準 備 〉

☐ 電子爐
☐ 小型不鏽鋼鍋
☐ 攪拌湯匙

P.42 提到，要製作偏紅的咖啡色時，可使用紅褐色色塊來調製，但是大家可依照喜好調製出自己喜歡的豆沙色。若希望豆沙顏色更紅一些，可以再加入些許的紅色色塊。

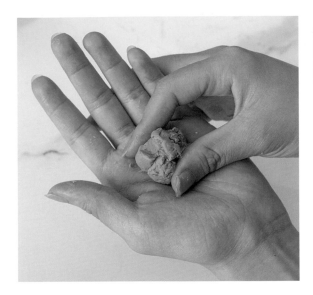

調成淡紫色也可做成芋泥餡。

01 加熱熔化配方中的蠟材後，將色塊少量多次的加入蠟液中。攪拌均勻後，進行試色，若顏色不夠深，就繼續增加色塊。確認顏色後，放涼等待蠟液呈現半凝固狀態。

02 蠟液半凝固時，用攪拌湯匙快速剁碎，利用細碎的蠟呈現出紅豆沙帶有顆粒的質感，看起來會更加的擬真。

03 反覆攪拌，使其呈現如圖中所示的紅豆泥型態。

04

取出搓成球狀，等待完全冷卻後，即可完成餡料雛形。由左至右分別是紅豆、牛奶、莓果、抹茶以及柑橘口味。後續可直接拿出使用，用手溫就能軟化餡料蠟燭。

超萬用調色黏土蠟

Multi-purpose Colouring Wax

前面我們運用布丁盒做了布丁蠟燭，但想必大家都會遇到一個小問題：如果今天要做的配件很小，例如眼睛、嘴巴或小花朵時，或是手邊沒有同款樣式的模具，該怎麼辦呢？這時，只要預先準備好各種顏色的黏土蠟，就可直接拿來使用喔！是製作擬真蠟燭的必備小配件！

這邊我們會使用 **C3** 大豆蠟，搭配打發鮮奶油般的烘焙技法來完成，大豆蠟半凝固時質地柔軟、凝固後堅硬的特性，相當好發揮。

〈 原 料 準 備 〉

- □ C3 大豆蠟
- □ 紅褐色色塊

（依照個人需求準備需要使用的顏色即可，以下以紅褐色來做示範。）

〈 廚 具 準 備 〉

- □ 電子爐
- □ 小型不鏽鋼鍋
- □ 攪拌湯匙

01 加熱熔化配方中的蠟材後，加入紅褐色色塊並攪拌均勻。

02 等待蠟燭凝固至 8 分乾後，用攪拌湯匙剁成泥狀，以便後續拿起塑形使用。

03 剁成奶油霜狀態後，必須如圖這般的細緻綿密，即完成黏土蠟！

TIPS

1. 使用時，可以直接拿取需要的黏土蠟用量，運用手溫稍微加溫，就能讓蠟變柔軟，用在後續的作品裝飾上。

2. 未使用完的黏土蠟可放在塑膠袋，或是取一個不鏽鋼碗或不鏽鋼杯盛裝，下次要使用時再取出即可。

NOTE

大豆蠟經過充分地攪拌後會呈現如奶油般的質地，故不能在凝固的狀態下攪拌。務必將蠟剁得足夠細緻跟柔滑，否則蠟太乾會產生過多的塊狀或碎片，要拿起使用時會太碎，容易起粉末，會不好操作。

Chapter

04.

正港！
亞洲小吃蠟燭

Asian Street Food Candle: 01

中秋月餅蠟燭

Mooncake Candle for Mid-Autumn Festival

〈 原 料 準 備 〉

餅皮配方

* 此配方可製作 1 份月餅

☐ PB 大豆蠟…20g
☐ C3 大豆蠟…40g
☐ 棕色色塊
☐ 黃色酒精墨水顏料

鹹蛋黃配方

☐ 軟果凍蠟… 5g
☐ C3 大豆蠟…2g
☐ 黃色色塊

豆沙餡配方

☐ 豆沙餡料蠟燭一份
* 請參考 P.56〈擬真蠟燭餡料〉

〈 廚 具 準 備 〉

☐ 電子爐
☐ 不鏽鋼鍋
☐ 攪拌湯匙
☐ 月餅造型矽膠模具
☐ 筆刷
☐ 燭芯針
☐ 燭芯

中秋佳節，月圓人變圓，不如做一個無法讓人發胖的月餅蠟燭吧！利用半凝固的大豆蠟，呈現餅皮的綿密；再快速上色，做出油亮光滑的外觀。還有絕對不能少的濕潤鹹蛋黃！只要應用不同蠟材，月餅蠟燭點燃後，也能呈現流心蛋黃餡的效果喔。

餅皮 | *Crust* |

01 加熱熔化餅皮蠟材後，加入棕色色塊拌勻並試色，若顏色不夠深，再繼續增加色塊。這邊需預留一些蠟液，最後能用來黏合兩片餅皮。

02 將調製後的蠟液，分別倒入 2 格月餅模具中，作為月餅的上層和下層。

03 待模具內蠟液完全凝固，表面摸起來是冷的，即可取出。月餅模具較薄，脫模時輕拉四周，使蠟燭與模具剝離，避免用力過猛造成蠟燭本體破裂。

04 翻到餅皮背面，以湯匙置中，順時鐘挖出一個圓。

05 要確認是在正中間的位置，挖出深約 0.5 公分（單片餅皮厚度的一半）的圓，不可挖得過深，以免餅皮穿孔破洞。

06 兩片都完成挖空後，放一旁備用。

TIPS → 如果想做完整不剖半的月餅成品，可直接跳至步驟 10。

「鹹蛋黃」 *Salty Yolk*

07 熔化蛋黃配方的果凍蠟後，加入黃色色塊調色。接著快速攪拌蠟液，加快冷卻。最後拉起確認黏稠度足夠，不沾黏鍋邊又能輕易拉起的程度即可。

08 取出蛋黃蠟燭，趁熱用手指搓圓。

09 將蛋黃置入其中一片月餅皮的圓洞中。

10 筆刷沾取加熱熔化後的預留大豆蠟液，快速在餅皮周圍刷上薄薄一層，必須趁蠟液未乾時操作，以免無法黏合。

11 趁蠟液未乾時，將兩片餅皮貼合。

12 貼合後調整位置，確認邊緣確實貼齊。若不慎擠壓太大力，或蠟液沾太多而滲出，可用手指頭抹平。手溫能軟化大豆蠟，故不用擔心凝固後無法調整。

13 用筆刷沾取一些蠟液，刷在貼合處的縫隙。

14 用手指將蠟液抹開，呈現自然的烤餅皮紋理。

餅皮烤色 | *Baking Colour*

15 用另一支水彩筆刷沾取酒精顏料，上色在月餅表皮。局部上色即可，無需填滿紋路縫隙，以免失真。

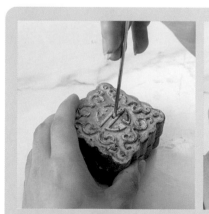

TIPS 如果不想將月餅切成一半，上色完後，直接以燭芯針爲蠟燭穿上燭芯，即完成作品。

「 **豆沙餡** 」 *Sweet Bean Paste* 」

16 用刀將月餅切成一半。

17 切半後，將準備好的豆沙餡貼在月餅的切面，少量多次，加到想要的範圍。

18 用燭芯針分別為兩塊月餅穿上孔。

19 穿入燭芯即可完成。

做出蛋黃餡的流沙效果！

TIPS ─● 如果想讓切半的月餅看起來更好吃，可再補充一點鹹蛋黃配方的蠟液在上面，製造出蛋黃的流沙效果喔。

魚丸湯蠟燭

Fish Ball Soup Candle

〈 原 料 準 備 〉

魚丸配方
* 此配方可製作 5 顆魚丸

- ☐ C3 大豆蠟 …150g

湯汁配方

- ☐ 軟果凍蠟…100g
- ☐ 棕色色塊
- ☐ 白色色塊

芹菜配方

- ☐ 120 石蠟…5g
- ☐ 黃色色塊
- ☐ 綠色色塊

〈 廚 具 準 備 〉

- ☐ 電子爐
- ☐ 不鏽鋼鍋
- ☐ 攪拌湯匙
- ☐ 剪刀
- ☐ 耐熱碗
- ☐ 燭芯
- ☐ 燭芯針

利用大豆蠟的可塑性，搭配不同的塑型手法，只要一個步驟變化，就能做出兩種不同的魚丸。如何用石蠟製作配料？如何調製高湯的半透明色澤？想要端出一碗「看起來」很美味的湯品，既簡單又快速！

「 芹菜 │ *Celery* 」

影片連結

01 依照所需比例熔化芹菜的蠟材配方，再加入黃色及綠色色塊，調製成芹菜的黃綠色。

02 等調色後的蠟液冷卻凝固至表面呈現霧感，摸起來沒有熱度爲止。

03 用燭芯針輕輕捲起芹菜蠟片。

04 將蠟片順向捲起來，呈現捲筒狀。

05 以剪刀將芹菜剪成細碎段狀（比一般蔥花再小一些）。

06 剪下自己需要的量卽可，並擺在旁邊備用。

「 **魚丸** | *Fish Ball* 」

用同一種蠟材，就能做出不同種類的魚丸！鱈魚丸和花枝魚丸都是白色的，但它們的外型確實不同，你注意到了嗎？做法上又會有哪些差異呢？

07 加熱熔化魚丸的蠟材配方，熔化至一半時，將鍋子拿離電子爐。蠟材冷卻後快速剁碎，切記不能攪拌，因為攪拌會使大豆蠟變成泥狀，反而不好塑形。

08 抓取一球蠟，大小依喜好決定。先以掌心施力，進行第一步塑形。此時蠟很容易乾掉，過乾會碎裂，所以操作速度要快，塑的型才會漂亮喔。

09 大致的形狀塑造出來後，慢慢將丸子的輪廓修順。

TIPS

如果是製作表面更加凹凸不平的花枝魚丸，在蠟材熔化到約三分之一時，即可關火，保持蠟塊呈現大塊狀。

10 加熱熔化湯汁的蠟材配方後,由於魚丸湯並非透明,反而因為混到魚漿麵粉而呈不透明色澤,所以要在果凍蠟液中加入一點白色和棕色色塊,做出如圖中的半透明質感。

11 取出耐熱容器,將調好的湯汁慢慢倒入。倒入速度不要太快,以免噴濺,或是因接觸太多空氣而產生過多氣泡,影響美觀。

TIPS

左為花枝魚丸,右為鱈魚丸。

鱈魚丸表面較平滑,花枝丸表面凹凸不平,故後者在塑形時,手施壓的力和速度要比前者來得輕巧,避免手溫將凹凸不平的表面抹得過於平滑。在這個步驟做出差異,就能讓作品更加擬真且細緻。

依照個人喜好,完成 4~5 顆鱈魚丸或花枝魚丸備用。

NOTE

在湯的表層還沒凝固前（湯汁蠟燭摸起來還是溫熱的，代表還沒有凝固），請勿將魚丸擺入，以免溫度過高，會讓魚丸蠟燭熔化（果凍蠟熔點比 C3 大豆蠟要高）。

12 湯汁倒入至湯碗 2/3 的高度，等待表面凝固。

13 湯汁蠟燭表面凝固後，將魚丸放入湯汁中。擺放位置不限制，可依喜好隨意裝飾。

14 倒入第二層湯汁，讓魚丸看起來像是在湯中漂浮，湯汁高度可依個人喜好決定要蓋住魚丸多少比例。

15 擺上剛剛完成的芹菜段，妝點上鮮綠色彩，看起來更漂亮！之後在正中間穿入燭芯，即可完成魚丸湯蠟燭。

小籠包蠟燭

Xiaolongbao Candle

〈 原 料 準 備 〉

外皮配方

- ☐ C3 大豆蠟 …300g

肉餡配方

- ☐ C3 大豆蠟 …50g
- ☐ 黃色色塊
- ☐ 紅色色塊
- ☐ 棕色色塊

肉汁配方

- ☐ 硬果凍蠟 …1g
- ☐ 紅色色塊
- ☐ 棕色色塊

〈 廚 具 準 備 〉

- ☐ 電子爐
- ☐ 小型不鏽鋼鍋
- ☐ 攪拌湯匙
- ☐ 小籠包矽膠模具 *
- ☐ 燭芯針
- ☐ 燭芯

NOTE 翻模方法請見 P.31 〈翻模〉

這一篇，大家可學習如何調出肉餡煮熟後的顏色，以及呈現小籠湯包被咬一口後的多汁質感。內餡比例雖然不多，卻是影響擬真度的關鍵。作品要精緻，不僅外型要像，思考如何模擬出美食街食物模型的動態感，也很重要呢。

小籠包外皮 | *Wrapper* |

01 熔化外皮配方後，將蠟液倒入矽膠模具中，剩餘的蠟液置於一旁，之後用來製作肉餡。

02 倒至與模具齊平即可，等約 40 分鐘，等待蠟液完全凝固。

03 將凝固後的小籠包外皮蠟燭從模具中取出。

肉餡 | *Meat Filling* |

04 取其中一顆小籠包，以刀子切出一個切口，製作成被咬一口的造型。切口大小不限制，可依個人喜好來決定開口尺寸，若要完整不露餡的小籠包則無需以下步驟。

05 加熱熔化肉餡配方的蠟材後，加入紅、黃、棕三色。可自行調整比例，唯獨棕色較深，勿一下子加過多。調好後，待蠟凝固，用刀剁成泥狀。

06 取一小塊肉餡，填入已經挖好洞的小籠包外皮中。

07 融化肉汁蠟燭的配方材料，肉汁的顏色深淺可依自己的喜好調製。

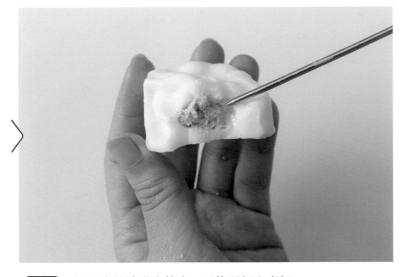

08 沾取肉汁流進肉餡中，可依照個人喜好決定要放入多少肉汁。

09 以燭芯針在小籠包蠟燭上穿孔。

TIPS

10 放入燭芯後，即可完成美味的小籠包蠟燭。

如何讓小籠包油油亮亮？

檢查成品時，可能會發現模具紋路導致小籠包外皮脫模後有不平整的狀況，此時可沾取凡士林，於表面薄塗一層，即能增加光滑質感。

沙茶烤玉米蠟燭

Night Market Grilled Corn Candle

〈 原 料 準 備 〉

玉米配方

- ☐ PB 大豆蠟 …200g
- ☐ 黃色色塊
- ☐ 香精…10g
  （自行決定是否加入）

獨門醬料配方

- ☐ 黃色酒精墨水顏料
- ☐ 咖啡色酒精墨水顏料

〈 廚 具 準 備 〉

- ☐ 電子爐
- ☐ 小型不鏽鋼鍋
- ☐ 攪拌湯匙
- ☐ 玉米模具
- ☐ 燭芯針
- ☐ 燭芯
- ☐ 顏料刷

烤玉米可說是夜市經典，只要刷上特製醬料，到夜市總會忍不住被撲鼻的鹹香氣味吸引過去。要完成超擬真烤玉米蠟燭，其實很簡單。想要用酒精顏料上色，凸顯玉米顆粒的層次感？手指也可以是最厲害的上色工具！

「 **玉米** | *Corn* 」

01 熔化玉米配方中的蠟液後，加入黃色色塊並攪拌均勻。

02 將調製好的蠟液倒入玉米模具中。

03 等模具中的蠟液完全凝固，且表面摸起來光滑無溫度時，輕輕的將玉米從模具中取出。

04 取出玉米後，用燭芯針由玉米底部正中間穿孔。

05 穿入燭芯。

┌ **獨門醬料** ┐　*Barbecue Sauce*　┘

06 將醬料配方中的酒精墨水顏料混合均勻。

07

影片連結

用顏料刷將調好的醬汁塗在玉米上，請少量多次薄塗，若沾取過多容易使玉米縫隙卡到過多顏料。上色至每顆玉米粒都有沾到，或達到自己喜歡的焦度後即完成。

TIPS

想要做出不同品種的玉米？

由於玉米最後會刷上烤醬，故玉米的顏色深淺並不會有太大的影響。但如果想要製作不同品種且不刷醬的玉米蠟燭，可參考以下調色方式：

- 甜玉米：顏色鮮黃，依照本篇食譜調色即可。
- 水果玉米：顏色偏淺黃，調色時，將黃色色塊比例減少至一半。
- 白玉米：顏色接近米白，只需加入半片黃色色塊。

Asian Street Food Candle: 05

蘋果麵包蠟燭

"Apple Bread" Candle

〈 原 料 準 備 〉

* 此配方可製作 4 塊蘋果麵包

麵包頂層配方

- ☐ PB 大豆蠟 ⋯50g
- ☐ 黃色色塊
- ☐ 棕色色塊

麵包底層配方

- ☐ PB 大豆蠟⋯100g
- ☐ 黃色色塊
- ☐ 白色色塊

〈 廚 具 準 備 〉

- ☐ 電子爐
- ☐ 小型不鏽鋼鍋
- ☐ 攪拌湯匙
- ☐ 蘋果麵包矽膠模具 *
- ☐ 燭芯針
- ☐ 燭芯

NOTE 翻模方法請見
P.31 〈翻模〉

下課鐘聲響起，最期待第一時間跑到合作社拿一包蘋果麵包止饑！利用翻模技巧，結合特別的分層方法，就能做出讓人看了非常有共鳴的童年小點。這件作品看似簡單，但如果在分層的地方沒拿捏好，就會讓成品變得不夠自然喔。

01 加熱熔化麵包頂層的蠟材後，加入黃色及棕色色塊，攪拌均勻。將調色後的蠟液倒入蘋果麵包的模具中。

02 只需倒入約 0.8~1 公分深，之後等待蠟液完全凝固。

03 第一層凝固後，另外將麵包底層配方的蠟材加熱熔化，再加入黃色和白色色塊，攪拌均勻後倒入模具中，至全滿為止。

04 等待蠟液完全凝固後，將蠟燭從模具中取出。

05 取燭芯針在蘋果麵包正中間穿洞。

06

將燭芯由孔洞穿入，卽
完成蘋果麵包蠟燭。

港式燒賣蠟燭

Shumai Candle

〈 原料準備 〉

* 此配方可製作一顆燒賣

燒賣皮配方

☐ 黃蜂蠟…10g

肉餡配方

☐ 大豆蠟…5g
☐ 黃色色塊
☐ 棕色色塊
☐ 紅色色塊

蝦卵配方

☐ 硬果凍蠟…1g
☐ 紅色色塊
☐ 黃色色塊

〈 廚具準備 〉

☐ 電子爐
☐ 小型不鏽鋼鍋
☐ 攪拌湯匙
☐ 烘焙紙
☐ 燭芯針
☐ 燭芯

想到港式美食，腦海很難不浮現燒賣吧？這次不用受限於蠟材凝固的時間，一起運用蜂蠟獨有的延展性來創作！先捏出帶有皺褶的鮮黃色外皮，最後在鮮嫩肉餡上，點綴晶瑩剔透的紅色水晶蝦卵。只要交互應用三種蠟材的特性，就能做出道地的燒賣蠟燭。

燒賣皮 *Wrapper*

01 加熱熔化燒賣皮配方後，取出烘焙紙，將四周往內摺約 1 公分寬。

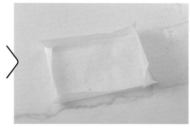

02 將四邊立起，以防後續蠟液倒入時溢出。

03 將加熱熔化後的蜂蠟，薄薄一層的倒在烘焙紙上。

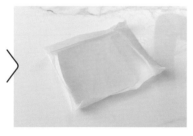

04 等待蠟片完全凝固。如圖所示，蜂蠟還沒凝固前，呈現淺黃色；待凝固後會變成深黃色。

05 蠟片凝固後，用剪刀剪成圓形，不用特意修剪得非常圓。

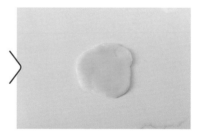

06 將蠟片剪成如上圖之形狀即可。

07 用手稍微壓軟蠟片，再以大拇指將邊緣往外推，壓成薄片。壓得越薄，做出來的成品會更加擬真。

08 以虎口為中心，將蠟片用食指壓進虎口，為內餡製作出空間。

09 將邊緣塑型成漂亮的波浪狀。

10

影片連結

手指捏外皮兩側加強皺褶感，即完成燒賣皮。

肉餡 *Meat Filling*

11 熔化肉餡蠟燭配方的蠟
材後,加入紅、黃、棕
三種色塊(可依個人喜
好調製比例,唯獨棕色深,
勿一下子加入過多),調製
成肉色後,等待凝固。

12 將凝固的肉餡蠟燭取
出,用刀剁成不規則碎
裂狀。

13 剁成如上圖即可。

14 將剁碎的肉餡搓成與
燒賣皮差不多大小的
球狀。

15 把肉餡球填進剛剛做
好的燒賣皮中。

16 一隻手扶著燒賣兩側,
一隻手指施力將肉餡
往下壓扎實,以防止因
爲加壓外皮而破掉變形,接著
整理燒賣皮邊緣和肉餡頂端。

「 **蝦卵** │ *Shrimp Roe* 」

17 熔化蝦卵蠟燭配方的蠟材後，加入紅色及黃色色塊拌勻，凝固後剪成細碎的塊狀。

18

將蝦卵蠟燭裝飾在燒賣頂部，最後以燭芯針於正中間穿孔，再穿入燭芯卽可完成。

爆漿奶黃包蠟燭

Steamed Sweet Custard Bun Candle

〈 原 料 準 備 〉

* 此配方可製作一顆奶黃包

〈 廚 具 準 備 〉

包子皮配方

- □ C3 大豆蠟 …50g
- □ 120 石蠟…40g
- □ 白色色塊

奶黃餡配方

- □ 軟果凍蠟… 20g
- □ 黃色色塊
- □ 白色色塊

- □ 電子爐
- □ 小型不鏽鋼鍋
- □ 攪拌湯匙
- □ 燭芯針
- □ 燭芯

來點甜的吧！想要製造奶黃包的經典爆漿流沙效果嗎？首先，利用大豆蠟凝固後的澱粉質感，結合軟石蠟的延展性，做出包子剝開後的氣孔與扎實質地。最後，加上軟果凍蠟奶黃餡，呈現熱騰騰拉絲瞬間，就能讓作品看起來更加美味可口。

包子皮 Wrapper

01 加熱熔化包子皮配方的蠟材後，加入白色色塊攪拌均勻，冷卻凝固後備用。

02 蠟材完全冷卻後，用手捏成團狀使其更加柔軟。

03 搓成圓形。

04 用刀子將麵團切成一半。

05

切半後內部組織應呈現微
微氣孔，無裂痕狀態，才
是漂亮的組織樣子。

06 用刀將麵團中間挖空。

07 將兩塊麵團都完成挖空
步驟。

奶黃餡 | *Egg Custard Filling* |

08 熔化奶黃餡配方蠟材後，加入黃色和白色色塊，調製出喜歡的奶黃顏色。以攪拌匙拉起蠟液，確認黏稠度足夠，不沾黏鍋邊且能輕易拉起即可。

09 趁果凍蠟還有流動性時，將奶黃餡加進包子皮中。

10 兩邊的包子皮都填入餡料後，將兩側合起，讓另一塊也沾到奶黃。

11　確認兩側都沾到奶黃後，趁熱拉出想要的牽絲流沙感。

12　以燭芯針爲奶黃包穿出燭芯孔。

13

穿入燭芯後，卽完成爆漿奶黃包蠟燭。

豬仔流沙奶黃包蠟燭

Piggy Sweet Custard Bun Candle

〈原料準備〉

* 此配方可製作一顆豬仔奶黃包

包子皮配方

- ☐ C3 大豆蠟 …50g
- ☐ 120 石蠟…40g

豬仔五官配方

- ☐ 黑色黏土蠟…約 2g
- ☐ 粉色黏土蠟…約 7g

| NOTE | 請參考 P.58
〈超萬用調色黏土蠟〉 |

奶黃餡配方

- ☐ 軟果凍蠟… 20g
- ☐ 白色色塊
- ☐ 黃色色塊

〈廚具準備〉

- ☐ 電子爐
- ☐ 小型不鏽鋼鍋
- ☐ 攪拌湯匙
- ☐ 燭芯針
- ☐ 燭芯

做完基礎的爆漿奶黃包後，當然也要嘗試港式飲茶中非常火紅的豬仔包！它的特色，就是吃的時候一定要拿筷子戳一下它的鼻孔，讓奶黃餡流出來！接下來就帶大家利用軟 Q 的果凍蠟，做出奶黃可愛的動態感，往後若要製作這種滴醬質感，都可以使用這種技巧喔。

奶黃餡 | *Egg Custard* |

01

熔化奶黃餡配方的蠟材後，加入黃和白色色塊。以攪拌匙拉起蠟液，確認黏稠度足夠，不沾黏鍋邊且能輕易拉起即可。

「 包子皮 │ *Wrapper* 」

02 加熱熔化包子皮配方的蠟材，加入白色色塊攪拌均勻，等待冷卻凝固備用。

03 蠟材完全冷卻後，用手將蠟捏成團狀，使其更加柔軟。

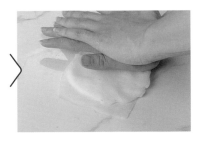

04 用手掌根部加上手溫，使蠟保持一定溫度，慢慢將裂紋推開。

05 把包子皮壓成扁平狀，中間維持一定厚度，四周捏薄，呈現小丘狀，如此才有足夠空間包入餡料，不使底部破掉。

06 將包子皮用雙手虎口向內包起，呈現一個盆狀。

07 將包子皮慢慢收口，內部呈現空心的一個圓，最後用食指與拇指慢慢捏尖，將開口確實收好。

08 取豬仔五官配方中的粉
色黏土蠟,分成一大求
和兩小球。兩小球塑成
長柱狀爲左右耳,大球
爲鼻子。

09 將耳朵蠟球壓成扁平
狀,貼在包子主體的兩
側。

10 將鼻子蠟球壓成扁平
狀,貼在豬仔包臉上。

11 將黑色黏土蠟分成兩小
球,搓圓後貼在眼睛位
置上。

12 用燭芯針在豬的鼻孔
上戳出兩個洞,其中一
個洞擴大一些,作爲奶
黃餡流出來的孔洞。

「 **組裝** | *Assembling* 」

13

再次加熱奶黃餡蠟液，完全熔解後，用攪拌湯匙或燭芯針輔助倒進包子鼻孔中，做出餡料流出的樣子。

14 依照個人喜好決定穿入燭芯的位置，放入燭芯後，即完成豬仔流沙奶黃包。

古早味糖葫蘆蠟燭

Tanghulu Candle

〈 原 料 準 備 〉

草莓配方

☐ 草莓蠟燭 4 個 *

 草莓蠟燭的做法請參
考 P.49〈草莓和櫻桃蠟
燭〉，也可依照個人喜
好決定想做的糖葫蘆款
式，加入櫻桃等其他水
果蠟燭。

白糖液配方

☐ 硬果凍蠟…20g

〈 廚 具 準 備 〉

☐ 電子爐
☐ 小型不鏽鋼鍋
☐ 攪拌湯匙
☐ 不鏽鋼針
☐ 燭芯
☐ 燭芯針

糖葫蘆是夜市常見的經典小吃，水果被包覆在晶瑩剔透的糖漿下，讓人看了口水直流。一起用快速簡單的步驟，做出這道大人和小朋友都愛的作品吧！

「 **草莓串** 」 *Strawberry Skewer*

01

以不鏽鋼針穿過草莓蠟燭，再推至底部。務必從正中心穿入，以免穿歪造成整個糖葫蘆串傾斜。

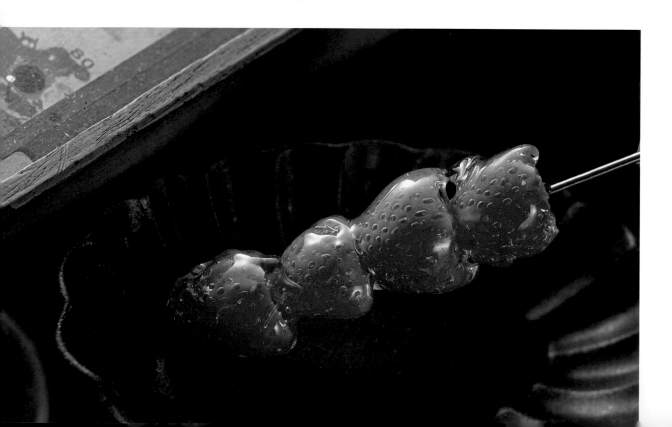

「 **白糖液** │ *Sugar Syrup* 」

02 加熱白糖液配方至果
凍蠟完全熔化為止，
再以保溫模式置於電
子爐上，使其保持液
態。

03 以湯匙撈起些許蠟液，淋在草莓串上。淋糖液的
距離不可太遠，否則會裹得不均勻。

04 均勻淋上糖漿後，依
照喜好決定燭芯的位
置和深度，穿上燭芯
後即完成。若單純擺
飾，可以不用穿燭芯。

Asian Street Food Candle: 10

炸紅白湯圓蠟燭

Fried Tanyuan Candle

〈 原 料 準 備 〉

湯圓配方

- ☐ 紅湯圓：C3 大豆蠟…40g
- ☐ 白湯圓：C3 大豆蠟…40g
- ☐ 紅色色塊

花生糖粉配方

- ☐ PB 大豆蠟…5g
- ☐ 黃色色塊
- ☐ 棕色色塊

〈 廚 具 準 備 〉

- ☐ 電子爐
- ☐ 不鏽鋼鍋
- ☐ 攪拌湯匙
- ☐ 刀子
- ☐ 盤子
- ☐ 燭芯
- ☐ 燭芯針

外皮酥脆，內裡又擁有膨鬆口感的炸湯圓，不管是婚宴或炸雞攤，都有它的存在！湯圓做好後，灑上用蠟燭做成的香甜花生糖粉，這樣有趣的蠟燭玩法，大人小孩都可以一起玩玩看喔！

花生糖粉 ｜ *Peanut Sugar Powder* ｜

01 加熱熔化花生糖粉配方，待凝固至完全冷卻、表面無液態之後，用刀子或攪拌湯匙剁成塊狀。

02 撈出蠟塊，用刀子剁成細碎狀備用。

湯圓 ｜ *Tanyuan* ｜

03 熔化湯圓配方中的大豆蠟後，加入紅色色塊調成粉紅色並攪拌均勻，再等待蠟液完全凝固。

04 取出攪拌成團狀的蠟材，用手搓成條狀。

05 切出想要的湯圓尺寸，此處示範為直徑1公分大小。

06 先切分好尺寸，可讓每顆湯圓在搓圓後不會差異太大。接著重複步驟03到步驟06，製作白色湯圓（不用加色塊）。

07 分別將兩種顏色的蠟團置於手心，搓成圓球，成為紅色與白色湯圓數顆。

TIPS

搓圓時，不用刻意追求表面光滑，要適當保留麵團的紋路，因為我們是製作「炸過」的湯圓，會有油炸後產生的膨脹裂紋，這點要特別注意喔！是加強擬真的小技巧跟細節。

08 取出盤子，交互擺上紅白湯圓（可堆成金字塔狀，視覺上較豐富美味），手稍微施壓讓每顆湯圓相互固定，再將花生糖粉蠟燭自然的灑在表面。

09 燭芯針從湯圓堆正中間穿入，位置依喜好決定，但穿入的四周要有蠟，不能有過多空隙，以免燭芯燒到一半熄滅喔！這也是除了美觀以外，建議將湯圓堆成塔狀的原因。

10 最後將燭芯插入孔中即完成。

煎釀三寶蠟燭

Three Fried Stuffed Treasures Candle

〈 原料準備 〉

* 此配方可完成一份煎釀三寶蠟燭

煎釀三原料配方

- ☐ 紅椒：紅色黏土蠟…10g
- ☐ 青椒：綠色黏土蠟…10g
- ☐ 油豆腐：棕色黏土蠟…10g
- ☐ 黃色酒精墨水顏料
- ☐ 咖啡色酒精墨水顏料

NOTE	請參考 P.58 〈超萬用調色黏土蠟〉

魚漿餡配方

- ☐ 黃色黏土蠟…10g

蔥花配方

- ☐ 120 石蠟…5g
- ☐ 綠色色塊
- ☐ 黃色色塊

〈 廚具準備 〉

- ☐ 電子爐
- ☐ 小型不鏽鋼鍋
- ☐ 攪拌湯匙
- ☐ 鐵針
- ☐ 燭芯
- ☐ 燭芯針

香港的煎釀三寶是在不同蔬菜（例如青椒、紅椒、茄子或油豆腐等）裡面填塞魚漿後，再加以煎香的街頭小吃，類似台灣的滷味攤，由顧客挑選喜歡的食材後再烹製。這篇就來教你如何用蠟材做出最經典的三款：煎釀豆腐、青椒和紅椒！

油豆腐　*Fried Tofu*

01 依照萬用黏土蠟配方將蠟調製成棕色後，等待凝固冷卻，後續以手掌心的溫度即可軟化塑型。

02 搓圓黏土蠟後，雙手食指及大拇指同時加壓，將黏土蠟捏成不規則方型。

03 由於油豆腐表面紋路不是平整光滑的，所以用手指加壓時，可以刻意做出凹凸不平的質感，成品會更像真實的油豆腐喔。

04 油豆腐的基底型態完成後，用刀尖在正中間挖個不規則的凹槽，用來放魚漿內餡，挖的深度不可超過整個豆腐的 1/3，以免基底破碎。

05 用手指稍微抹一下太過破碎的紋理，即完成油豆腐基底。

青椒和紅椒 *Bell Peppers*

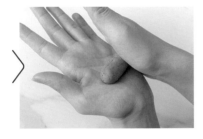

06 依照萬用黏土蠟配方將蠟調成綠色後，以掌心的溫度即可軟化塑型。黏土蠟搓圓後，可以較隨性的將黏土蠟捏成不規則長條型。

07 要做出不死板的青椒蠟燭，刻意將青椒的表面捏得凹凸不平，可以更擬真。

08 用食指當作輔助，挖出青椒內層的弧形。

魚漿餡 *Minced Fish*

09

將魚漿餡料的黃色黏土蠟，直接用熱風槍加熱至半熔化狀態。

「 蔥花 」 *Chopped Scallion*

09 熔化蔥花配方的蠟材後,加入綠色及黃色色塊攪拌均勻,再將調色後的蠟液倒出呈現薄片狀。

10 等調色後的蠟液冷卻凝固至表面呈現霧感,摸起來沒有熱度即可。

11 使用燭芯針刮起蠟片,再順向把蠟片捲起來,呈現捲筒狀。

12 將蠟片卷剪成細碎段狀,即完成蔥花蠟燭,擺在一旁備用。

「 **組裝** ｜ *Assembling* 」

13 用刀子將做好的魚漿餡料少量多次分別加入豆腐、紅椒以及青椒中,輕輕施力壓平。

14 將製作好的蔥花擺在煎釀三寶上。

15 以手指沾取黃色酒精墨水顏料,先在食材表面輕拍一層底色,等十秒讓顏料稍微乾掉,再局部點綴上咖啡色酒精墨水顏料,增加煎炒過的焦色。

16 以燭芯針分別在三寶蠟燭中心穿洞。

17 穿上燭芯,即完成美味的煎釀三寶蠟燭。

Chapter
05.

午餐後，
享用甜點蠟燭吧！

Dessert Candle: 01

香草抹茶冰淇淋蠟燭

Vanilla-Matcha Ice Cream Candle

〈 原 料 準 備 〉

* 此配方可製作 2 球冰淇淋

冰淇淋配方

☐ PB 大豆蠟…10g

☐ C3 大豆蠟…60g

香草冰淇淋配方

☐ 黃色色塊

抹茶冰淇淋配方

☐ 綠色色塊

☐ 紅褐色色塊

 NOTE 依照個人喜好決定製作的口味，再選擇對應的色塊。例如：草莓口味使用紅色，芋頭口味使用紫色。

〈 廚 具 準 備 〉

☐ 電子爐

☐ 不鏽鋼鍋

☐ 攪拌湯匙

☐ 冰淇淋挖杓

☐ 刀子或抹醬刀

☐ 離型劑

你喜歡雙色還是單色冰淇淋？抹茶口味或香草口味？還是兩種都來一點？用挖真實冰淇淋的方式，來完成最擬真的冰淇淋效果。冰淇淋蠟燭只需簡單幾步驟就能快速完成。

香草冰淇淋 *Vanilla Ice Cream*

01 加熱熔化冰淇淋配方之蠟材後，加入黃色色塊攪拌均勻。

02 靜置等待凝固。

03 凝固至完全冷卻，表面無液態後，將蠟材剁成細碎狀。

04 噴 1-2 下離型劑在冰淇淋挖勺中。使用的時候請在空氣流通處進行，並且小心不要噴錯方向。

05 將冰淇淋蠟填進挖勺之中。

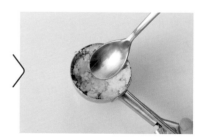

06 如同抹果醬的方式，用攪拌匙背面（也可用抹醬刀或刀子代替）將冰淇淋蠟填進挖勺中。

07 將冰淇淋蠟盡可能填滿，高於挖冰勺約 0.5 公分，以製作出擬真的冰淇淋花邊。

08 冰淇淋勺倒扣後向下壓，將冰淇淋外圈的花邊壓出，但記得不要過於用力，以免把花邊壓斷。

09 取出冰淇淋後，用手指稍微修整表面，把過於破碎的蠟屑壓扎實，但不要把裂紋完全壓平，要記得保留冰淇淋自然的裂紋。

10 以燭芯針穿出燭芯孔。

11

穿入燭芯，即可完成香草冰淇淋蠟燭。

香草抹茶冰淇淋 　*Vanilla-Matcha Ice Cream*

12 加熱熔化冰淇淋配方之蠟材，再少量少量的加入綠色及棕色色塊攪拌均勻，等待蠟液完全凝固。

13 蠟液凝固至完全冷卻，表面無液態呈現霧狀後，用刀子或攪拌湯匙剁成細碎狀。

14 噴 1-2 下離型劑在冰淇淋挖勺中。使用的時候請在空氣流通處進行，小心不要噴錯方向。

TIPS

加入棕色色塊會讓綠色中帶點茶色，調起來更像抹茶綠喔。

15 如同抹果醬的方式，用攪拌湯匙背面（可用抹醬刀代替）將冰淇淋蠟填進挖勺中。

16 挖取先前做好的香草冰淇淋蠟燭，抹進勺中，可與綠色重疊，會更加自然融合。

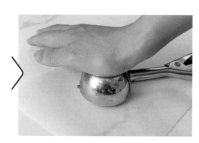

17 勺子倒扣，將冰淇淋蠟燭壓出。

18

取出後，即完成雙色的
香草抹茶冰淇淋蠟燭。

Dessert Candle: 02

脆片草莓優格聖代蠟燭

Strawberry Yogurt Sundaes Candle

〈 原 料 準 備 〉

* 此配方可製作一杯優格

原味優格配方

☐ C3 大豆蠟…100g

穀片配方

☐ 蜂蠟 …80g
☐ 黃色色塊 *1

草莓配方

☐ 草莓蠟燭 3~4 顆

* 製作方法請見 P.49 草莓蠟燭

巧克力碎片配方 *2

☐ 大豆蠟…30g
☐ 綠色色塊
☐ 紅褐色色塊
☐ 黃色色塊

〈 廚 具 準 備 〉

☐ 電子爐
☐ 不鏽鋼鍋
☐ 攪拌湯匙
☐ 刀子
☐ 透明玻璃容器 *3
☐ 巧克力模具
☐ 裝飾用金箔

NOTE

*1 黃蜂蠟本身帶有黃色，可依照個人喜好決定是否另外加入色塊。若想要較淺的穀片色，可以不用額外加入。

*2 依照個人喜好決定製作口味，再選擇對應的顏色（例如：草莓口味使用紅色、巧克力口味使用咖啡色）

*3 玻璃杯表面不要有紋路爲佳，以免遮擋到內部裝飾。

今天來一份歐式健康早餐吧！香脆酸甜的穀片優格，點綴上新鮮草莓，紅與白的鮮明對比，讓這道甜點優格杯看起來非常可口。以下將透過三種不同的蠟材來呈現。

「 原味優格 」 *Yogurt* 」　　「 穀片 」 *Cereal* 」

01 加熱熔化優格配方，等到半熔化時，從電子爐上拿開。接著像打發奶油般，用攪拌湯匙快速攪拌，使蠟更加綿密細緻。攪拌至如圖中所示的稠度即可，放一旁備用。

02 加熱熔化穀片配方的蠟材，呈液狀時加入色塊，再快速攪拌熔化即可。接著等待凝固至完全冷卻，表面無液態且呈霧面時，用刀子或攪拌湯匙將蠟材剁成細碎狀。

03 將蠟塊撈出置於烘焙紙上。用手施壓，把碎屑壓成餅狀，等待五分鐘讓蠟餅更加冷卻。

04 將蠟片隨意切成小塊，即完成穀片蠟燭。

TIPS 相信大家應該有個小疑問：為何穀片蠟燭熔化後不直接剁碎，還要先壓成餅狀呢？原因請見上圖所示：左圖為熔化後直接剁碎，右圖則是壓成餅狀再切塊。可以發現，前者會使蠟塊呈現泥狀，切角不明顯，所以必須先將蠟塊壓成餅狀，增強緊實度，才能接近真實的穀片型態。

「巧克力碎片」 *Chocolate Chips*

05 加熱熔化巧克力配方的蠟材，再加入棕色及紅色色塊，調製成巧克力色後，倒入模具等待凝固。

06 凝固後，從模具中取出巧克力蠟燭。

07 用手將巧克力剝成塊狀。比起用刀子切開，用手剝更能呈現自然的碎片感喔。

「草莓塊」 *Strawberry Slices*

08 請預留 1~2 顆完整的草莓蠟燭，作為最上層裝飾用。其他草莓有的可以由尖端處直直往下切半，或是切成 1/4 塊做變化。

「組裝」 *Assembling*

09 取出玻璃杯，放入預備好的穀片蠟燭。

* 也可使用玻璃碗盛裝，別有一番風味！

10 將草莓切片的顆粒紋路朝外，依序擺入杯中，草莓盡可能往杯壁擺放，放得太中間，下一層擺進去之後會看不到草莓喔！

11 將打發後的優格蠟燭放進杯中。

12 填進杯中時，小心不要遮擋到草莓，讓優格自然的流進草莓縫中。同時用湯匙背面將優格抹平在杯子邊緣，增加自然感。

13 再擺入一層穀片蠟燭，增加層次。

14 擺上巧克力塊。

15 再補一層優格蠟燭，使配料能夠若隱若現的與優格交互融合。

16 擺上草莓蠟燭。

17 使用燭芯針於成品中間穿孔。

18

將燭芯穿入孔洞中卽可完成。

Dessert Candle: 03

美式軟餅乾蠟燭

Home-made Cookies Candle

〈 原 料 準 備 〉
* 此配方可製作兩片美式軟餅乾

餅皮配方

- ☐ PB 大豆蠟…40g
- ☐ C3 大豆蠟…6g
- ☐ 巧克力口味：棕色色塊
- ☐ 抹茶口味：綠色色塊

巧克力豆配方

- ☐ 深咖啡色黏土蠟…10g

 NOTE　請參考 P.58
〈超萬用調色黏土蠟〉

〈 廚 具 準 備 〉

- ☐ 電子爐
- ☐ 不鏽鋼鍋
- ☐ 攪拌湯匙
- ☐ 燭芯
- ☐ 燭芯針

烤得外酥內軟、配上巧克力豆的美式餅乾，表面裂紋多，卻是看起來好吃的精髓之一。使用先前重複上場的大豆蠟塑形法，步驟簡單，5 分鐘就能完成這道軟餅乾蠟燭！

巧克力軟餅乾 | *Chocolate Cookie* |

01 加熱熔化蠟材後，加入棕色色塊並攪拌均勻，等待蠟液幾乎凝固後（如圖所示，鍋中剩下些微蠟液），取攪拌湯匙將蠟剁碎。

02 剁碎後的蠟燭應該呈現跟圖片中一樣的質地，不要過於泥狀，以免成型後過於平整，失去美式餅乾的碎裂質感。

03 取出蠟燭，以掌心稍微施力讓碎蠟聚集，同時以掌溫讓大豆蠟稍微軟化增加黏性。但如果本身手溫較高，也不要在此步驟停留過久，以免大豆蠟過黏。

04 將蠟塊塑成球狀，形狀不用特別圓，留下些許自然紋路，看起來會更加擬真。

05 將塑好型的餅乾體，壓成扁平狀。

06 切取深咖啡色黏土蠟，捏成不規則形狀的巧克力豆。

07 將巧克豆依照個人喜好位置隨意擺放，壓入餅乾體中，模擬出軟餅乾內的巧克力豆。

08 燭芯針以打火機燒熱後，於餅乾正中央穿孔。

09 將燭芯穿入。

10

將燭芯穿入後的孔洞，用手指稍微壓平，即可完成經典的美式巧克力軟餅乾蠟燭囉！

「抹茶巧克力軟餅乾」 *Matcha Chocolate Cookie*

01 加熱熔化蠟材後，加入綠色色塊，攪拌均勻，調出自己想要的巧克力色。

02 等待蠟液幾乎凝固後，將蠟剁碎。

03 取出剁碎後的蠟，用掌心稍微施力讓碎蠟聚集，掌心的溫度可以讓大豆蠟稍微軟化增加粘性，但如果本身手溫較高，不要在此步驟停留過久，以免大豆蠟過黏。

04

用手將蠟塊塑成球狀，並稍微施壓，透過手溫抹平紋路，但不要完全將紋路抹除，還是需要保留些許紋理。

05 將塑好型的餅乾體壓
成扁平狀,稍微修順
側邊紋路。

06 切取深咖啡色黏土蠟,
捏成巧克力豆,再隨
意壓入餅乾基底中。
接著用燭芯針於餅乾中
心穿孔。

07

將燭芯穿入,做完卽是
抹茶巧克力軟餅乾蠟燭
囉!

抹茶白玉鬆餅蠟燭

Matcha Shiratama Waffle Candle

〈 原料準備 〉

鬆餅配方

- ☐ PB 大豆蠟…100g
- ☐ 棕色色塊
- ☐ 黃色色塊
- ☐ 紅色色塊

白玉配方

- ☐ C3 大豆蠟…20g
- ☐ 125 石蠟…2g

醇濃抹茶醬配方

- ☐ 硬果凍蠟…10g
- ☐ 綠色色塊
- ☐ 棕色色塊

其他

- ☐ 香草抹茶冰淇淋蠟燭 1 球
  * 請見 P.121〈香草抹茶冰淇淋蠟燭〉
- ☐ 巧克力碎片 1 片
- ☐ 香精…5g
  （依照個人喜好決定是否添加）

〈 廚具準備 〉

- ☐ 電子爐
- ☐ 不鏽鋼鍋
- ☐ 攪拌湯匙
- ☐ 燭芯
- ☐ 燭芯針
- ☐ 上色筆刷
- ☐ 格子鬆餅造型矽膠模具

用蠟燭製作烤得香脆的格子鬆餅後，一起學習如何用手指上色出最擬真的烘焙烤色吧。上色完，再妝點上圓滾滾的白玉，配上一球冰淇淋蠟燭，淋上濃醇抹茶醬，精緻的日式鬆餅蠟燭讓人人都垂涎欲滴！

鬆餅主體 | *Waffle*

01 加熱熔化鬆餅配方的蠟材後，加入黃色、棕色色塊攪拌均勻。調出想要的顏色後，預留約一湯匙的蠟液做後續上色使用，其他的倒入鬆餅模具中。

02 將蠟液倒至模具內方格都被完整覆蓋即可。

03 凝固後，將鬆餅從模具中取出。

04 再次加熱預留的蠟液後，加入棕色和紅色色塊，量不用過多，將顏色調得比原來的鬆餅基底色更深一階即可。

05 用筆刷沾取調色後的蠟液，以同一個方向在鬆餅表面上色。只需局部上色，不用整個鬆餅都完整刷到蠟液，否則會顯得過於刻意、不夠擬真。

06 以少量多次的方式塗刷，會加強表面烤色的層次感，也要記得將筆刷伸進鬆餅格子內上色。

07 上完第一層烤色後，放在一旁等待約 1~2 分鐘，讓蠟液冷卻硬化

08 用筆刷將黃色和咖啡色酒精顏料混均勻。

09 在鬆餅上輕刷第一層顏料。

10 等待 1 分鐘，讓顏料乾透，接著用手指再次沾取顏料。

11 以手指拍打的方式上色，讓顏色層次更自然，避免筆刷上色所造成的不自然筆觸。

12 打火機加熱燭芯針約 20 秒。

13 用加熱後的燭芯針在鬆餅側面穿出大小不規則的孔洞，做出自然的小氣孔，分佈範圍不限制，可依照個人喜好去製作。

14 穿完氣孔後會帶出許多小蠟屑，用手指隨意輕壓修整這些蠟屑，可增加鬆餅烘烤後的自然質地。

15 完成鬆餅主體後，放在一旁待用。

「 **白玉** | *Shiratama* 」

「 **醇濃抹茶醬** | *Matcha Syrup* 」

16 加熱熔化白玉蠟燭配方，待蠟液完全凝固後，搓成光滑的圓球，即完成白玉蠟燭，可製作 4～5 顆作為後續的裝飾。

17 依照抹茶醬配方熔化蠟材，讓大豆蠟和果凍蠟完全熔合後，加入綠色與棕色色塊，調製成深抹茶綠。

「組裝」 | *Assembling* 」

18 將鬆餅蠟燭置於盤中定位,再依照喜好,把冰淇淋蠟燭和白玉蠟燭裝飾在鬆餅上。

19

將抹茶醬淋在冰淇淋與鬆餅上,以畫九宮格的方式拉出線條會更漂亮。淋醬速度不要過快,以免醬汁線條過細。可事先在紙上練習淋醬,熟悉手感後,再淋在作品上。最後穿上燭芯即完成。

Dessert Candle: 05

日式紅豆大福蠟燭

Mame Daifuku Candle

〈 原 料 準 備 〉
* 此配方可製作一顆日式紅豆大福

大福皮配方

□　C3 大豆蠟⋯30g
□　微晶蠟⋯⋯5g

紅豆餡配方

□　紅豆餡料蠟燭 1 球
　　* 請參考 P.56〈擬真蠟燭餡料〉

〈 廚 具 準 備 〉

□　電子爐
□　小型不鏽鋼鍋
□　攪拌湯匙
□　燭芯針
□　燭芯
□　不鏽鋼棒

TIPS → 可依照後續的教學步驟，包入不同口味的餡料，如抹茶、花生等，之後再進階到創造不同的大福造型。

經典的紅豆大福，是以柔軟的糯米大福皮包入香甜紅豆餡。我們也可以利用先前學到的餡料製作方法，在蠟燭皮中包入任何喜歡的餡料。製作相當快速省時，成品卻精美小巧，送禮或擺在家裡都療癒可愛。

「紅豆餡」 *Adzuki Bean Filling*

01 取出調製好的紅豆餡蠟燭。

02 將餡料稍微塑形成團狀，不需塑成非常完整的球型。完成後放在一旁備用。

「 **大福皮** 」 *Mochi*

03 加熱熔化大福皮配方，待兩種蠟材完全熔合後，將鍋子拿離開電子爐，加快冷卻速度。之後將凝固的蠟燭取出，用手稍微搓揉。

04 將蠟搓成圓球型。

05 以手掌根部施力，將蠟壓成片狀。

06 以拇指將蠟片向外推，把邊緣推成薄片。

07 薄片中心捏出凹槽，尺寸需要與要放入的餡料相同，否則凹洞過窄，皮會沒辦法完整將餡料包起，甚至造成大福皮裂開。

組裝 | *Assembling*

07 將餡料放置於凹槽正中間。如果沒有正確放在中心，做出來的大福會厚薄度不一喔。

08 拇指與食指將上下兩側的皮捏起，把餡料先固定住。再將左右兩側的皮向中心點捏緊，完成第一步的固定。

09 將大福反過來到正面，塑形成圓球狀。

10 外型修順後，用刀子從大福正中間對半切下。

11 切半後的蠟燭呈現自然的切面。

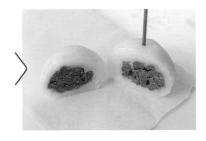

12 用燭芯針在大福頂端
    穿洞。

13 將燭芯分別放入切成兩半的大福中，即
    完成日式紅豆大福蠟燭。

Dessert Candle: 06

小西餅蠟燭

Butter Cookie Candle

〈 原 料 準 備 〉

* 以下配方可完成兩片小西餅蠟燭

- ☐ PB 大豆蠟…40g
- ☐ 黃色色塊
- ☐ 黃色酒精顏料
- ☐ 咖啡色酒精顏料

〈 廚 具 準 備 〉

- ☐ 電子爐
- ☐ 不鏽鋼鍋
- ☐ 攪拌湯匙
- ☐ 燭芯
- ☐ 燭芯針
- ☐ 上色筆刷
- ☐ 小西餅造型矽膠模具

* 作法請參考 P.31〈翻模〉

10 分鐘快速完成可愛的小西餅蠟燭！將大豆蠟調成奶油色，再拍上顏料，製造出烤色層次即可。上色後，餅乾紋理更加細緻，更顯酥脆可口，看著就彷彿聞到奶油餅乾的香味。若想準備一份充滿心意的小禮物，又不想待在悶熱的廚房裡烤餅乾，不妨做幾個小西餅蠟燭，選擇喜歡的口味去調色吧！

01

熔化蠟材後，加入黃色色塊攪拌均勻。調好色後，預留約一湯匙的蠟液做後續上色使用，其他蠟液倒入小西餅蠟燭模具中。

02 蠟液倒至模具格子內全滿即可。

03 蠟液凝固後，從模具中取出。用筆刷將黃色和咖啡色酒精顏料混均勻，再以手指沾取，在小西餅表面拍打上色，讓顏色層次更自然，避免筆刷上色造成的不自然筆觸。

04 以燭芯針在中央穿
上燭芯孔。

05

穿入燭芯，即完成小西
餅蠟燭。

Dessert Candle: 07

粉紅花苞和菓子蠟燭

Pink Bud Wagashi Candle

〈 原 料 準 備 〉

* 此配方可製作 1 顆和菓子蠟燭

麵團基底配方

- ☐ C3 大豆蠟…10g
- ☐ 125 石蠟…4g
- ☐ 微晶蠟…1g
- ☐ 紅色色塊（粉紅色和菓子）
- ☐ 藍色色塊（淺藍色和菓子）
- ☐ 綠色色塊（青草綠色和菓子）
- ☐ 黃色色塊（鵝黃色和菓子）

〈 廚 具 準 備 〉

- ☐ 電子爐
- ☐ 不鏽鋼鍋
- ☐ 攪拌湯匙
- ☐ 燭芯
- ☐ 鐵棒（可用黏土雕刻棒代替）
- ☐ 刀子

調色注意事項

TIPS → 調製和菓子顏色時，色塊不可下太多，盡可能保持和菓子乾淨粉嫩，成品才精緻漂亮。配方中的蠟材凝固後即是純白色，加入其他色塊後，都會像混了白色一樣，變成較淺的顏色。

說到經典的日式甜點，大家絕不會忘記和菓子，精緻外觀總讓人愛不釋手，捨不得吃下肚。我們可以運用大豆蠟和石蠟，製作好塑型的麵團基底，調出粉透色澤後，再用工具壓製出細緻有層次的線條，就能呈現出和菓子如春日花朵般的美好。

01 熔化麵團基底配方的蠟材，均勻熔合後，依照自己想要的和菓子顏色，放入色塊進行調色，並等待完全凝固。將凝固後的蠟以手掌滾圓，施力壓出蠟團中的空氣，避免產生裂痕。

02 各種不同顏色的和菓子麵團基底。

03 取一個粉紅色麵團，用手掌搓成球型。

04 用刀子輕輕的在每一側壓出線條，線條之間保持差不多的距離即可。壓線時由下往上壓，線條的集中點保持在正中心。

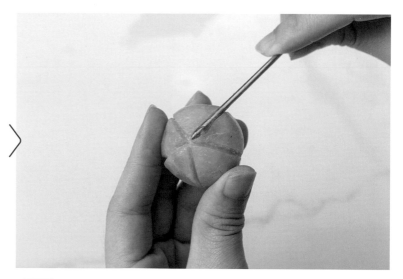

05 取鐵棒在同個位置加強每條線的深度，要注意不可偏離原本壓的位置。

06 上個步驟刻劃紋路會拉扯到蠟球表面，造成些許變形，所以要用手指稍微輕壓表面，使其保持光滑。

07 用鐵棒的尾端，在蠟球正上方輕輕壓出一個凹槽。再以指腹將挖凹槽而擠壓出的毛邊輕輕抹順，抹平至如圖中光滑、無裂痕即可。

08 取一球黃色和菓子麵團搓圓作為花蕊，尺寸大小與鐵棒挖出的凹槽相當。將黃色花蕊直接擺在凹槽中，加以固定。

09 取一小團綠色黏土蠟，捏成薄片綠葉狀，點綴在黃色花蕊上。

10 以燭芯針在中央穿出燭芯孔。

11 燭芯放入燭芯孔後，即完成。

Dessert Candle: 08

藍花和菓子蠟燭

Blue Flower Wagashi Candle

〈 原 料 準 備 〉

- ☐ 藍色和菓子麵糰…15g
- ☐ 鵝黃色和菓子麵糰…2g

  * 請參考 P.155 和菓子麵糰配方

〈 廚 具 準 備 〉

- ☐ 電子爐
- ☐ 不鏽鋼鍋
- ☐ 攪拌湯匙
- ☐ 燭芯
- ☐ 鐵棒（可用黏土雕刻棒代替）
- ☐ 筆刷尾端

有別於前面的粉紅花苞和菓子，此篇以筆刷尾端在淺藍色和菓子上壓制出細緻的紋路，呈現不一樣的花朵型態。黃色細線點綴在柔和淺藍色花朵的中央，帶有畫龍點睛的效果。製作過程療癒又舒壓，彷彿將心中烏雲一掃而空，保留一片蔚藍天空。

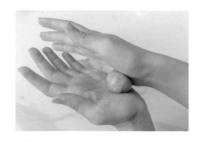

01 取製作好的淺藍色和菓子麵團基底，用手掌搓成球型。

02 使用畫筆尾端的鈍角，輕輕在圓的一側壓出定位線條。以筆端為中心，以壓點狀的方式，壓出一圈花瓣圍繞的模樣。

03 用手指輕壓剛剛刻畫紋路而造成的毛邊，讓整體形狀更加平整滑順。

04 以筆刷尾端在正中間壓出一個小凹槽。

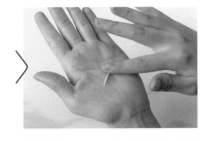

05 取一小球鵝黃色和菓子麵團，用手指搓成細條狀。

06 將黃色細線繞在凹槽周圍，形成一小圈花邊。

07 取燭芯針在中央穿孔。

08

將燭芯放入孔洞，即可完成藍花和菓子蠟燭。

Dessert Candle: 09

綠福袋和菓子蠟燭

'Green Fukubukuro' Wagashi Candle

〈 原 料 準 備 〉

- ☐ 綠色和菓子麵糰…15g
- ☐ 鵝黃色和菓子麵糰…2g
- ☐ 白色和菓子麵糰…1g

  * 請參考 P.155 和菓子麵團配方

〈 廚 具 準 備 〉

- ☐ 電子爐
- ☐ 不鏽鋼鍋
- ☐ 攪拌湯匙
- ☐ 燭芯
- ☐ 燭芯針
- ☐ 鐵棒（可用黏土雕刻棒代替）
- ☐ 筆刷

學習完兩款基礎和菓子，最後帶大家挑戰將青草綠和菓子變化成福袋造型，運用包餃子的技巧，塑造出有如布袋一樣柔軟的質感。大家可以盡情發揮創意，隨心所欲的做出各種型態的福袋樣式！

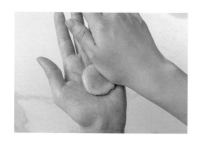

01 將青草綠麵團搓成球型，再以大拇指將麵團壓扁。以手掌根部施力將麵團中的空氣排出，防止出現過多裂紋，最後再用手指慢慢向外壓成片狀。

02 從邊緣開始往內捏緊，捏成束口袋一樣的形狀。

03 將四個角都捏出皺褶。

04 四個角都收口後，用筆刷尾端輕壓，讓收口處能更加固定，才不會因為沒黏牢而破掉。

05 取一個與凹槽一樣大的白色麵團，搓成圓形，置入中心凹槽，再以鐵棒尾端將白麵團壓入，形成中空的圓圈狀。

06　取一鵝黃色麵團，搓成細長條。

07　黃色細線一端先固定在凹槽中。

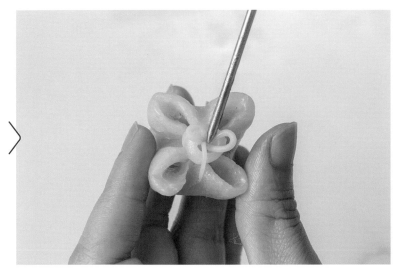

08　以鐵棒為支柱，將黃色細條繞成緞帶的樣子。

09　將緞帶處的繞線，用鐵棒尖端調整至想要的位置。

10　以燭芯針穿上燭芯孔。

11　穿入燭芯。

12　最後點綴上金箔，增添精緻感即完成。

TIPS ── 由於金箔剛放上時容易掉落，所以先穿燭芯再放金箔會更合適。

Chapter 06.

好看又好喝的
飲料蠟燭！

抹茶紅豆鯛魚燒奶酪蠟燭

Matcha-Azuki Taiyaki Panna Cotta Candle

〈原料準備〉

紅豆配方
□ 萬用黏土蠟…10g

抹茶飲配方
□ 軟果凍蠟…20g
□ 綠色色塊
□ 棕色色塊

可可飲配方
□ 軟果凍蠟…120g
□ 棕色色塊
□ 紅色色塊

奶酪配方
□ 軟果凍蠟…30g

白玉配方
□ C3 大豆蠟…20g

鯛魚燒配方
□ PB 大豆蠟…80g
□ 黃色色塊
□ 黃色酒精顏料
□ 咖啡色酒精顏料

〈廚具準備〉

□ 電子爐
□ 不鏽鋼鍋
□ 鯛魚燒模具
□ 攪拌湯匙
□ 刀子
□ 玻璃杯
□ 燭芯
□ 燭芯針

近年來最夯的飲料，莫過於抹茶了！這款作品以黏土蠟做出抹茶甜點必備的紅豆泥餡料，再利用果凍蠟軟 Q 的特性，創造出香醇的抹茶飲和可可飲，做出明顯的雙色分層，好看又吸睛。

「可可飲」 *Cocoa*

01 加熱熔化可可飲配方的蠟材，再加入棕色色塊與一點紅色色塊，調製成巧克力色並攪拌均勻，即完成可可飲蠟燭。

「抹茶飲」 *Matcha*

02 加熱熔化抹茶飲配方的蠟材，再加入綠色色塊與一點棕色色塊，調成想要的抹茶色並快速攪拌，使其快速冷卻，呈現如圖片中狀態即可。

「白玉」 *Shiratama*

03 加熱熔化白玉配方，並等待蠟液完全凝固。

04

再取出凝固的蠟，搓成光滑的圓球狀，即完成白玉蠟燭。可製作 4~5 顆以進行後續裝飾。

「**奶酪**｜ *Panna Cotta* 」　　「**組裝**｜ *Assembling* 」

05 加熱熔化奶酪配方後
備用。

06 將可可飲蠟液倒入玻璃
杯中，作爲底層。

07 等待可可層完全凝固
後，再將預備好的抹茶
飲蠟燭倒入。

08 將抹茶飲蠟燭填至 7 分
滿。

09 抹茶層也完全凝固後，
加入白色奶酪層至全
滿爲止。

10 加熱熔化鯛魚燒配方的蠟材後，再將棕色及黃色色塊加入蠟液中，均勻調好後，倒入鯛魚燒模具中至全滿為止。

11 倒滿後，等待蠟液完全凝固。

12 將凝固的鯛魚燒蠟燭從模具中取出。

13 把鯛魚燒蠟燭剝成一半，可依照個人喜好決定剝開的位置。

14 調和黃色和咖啡色酒精顏料，用手指沾取後，輕拍在表面。

15 上完色，即完成鯛魚燒蠟燭配件。

16 鯛魚燒蠟燭插入奶酪中固定,位置可自行決定。

17 將白玉蠟燭擺在奶酪蠟燭上。

18 將萬用黏土蠟捏成許多顆紅豆(可先搓圓,接著在兩側輕壓,就能變成圓柱狀的紅豆)。塑型好後,擺在表面作裝飾。

使紅豆蠟燭更逼真!

用點火器快速加熱紅豆表面,可以使表面溶出些微蠟油,快速又方便的製造出紅豆皮的光澤感,將這些小細節做出來,能使整體作品更加逼真精緻。

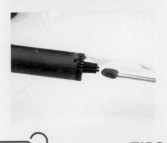

TIPS

19 以燭芯針從正中間穿入燭芯孔。

20 將燭芯穿入孔洞後即完成。

布丁珍珠鮮奶茶蠟燭

Pudding Boba Milk Tea Candle

〈 原 料 準 備 〉

黑糖珍珠配方

- ☐ 硬果凍蠟…40g
- ☐ 紅色色塊
- ☐ 棕色色塊

鮮奶配方

- ☐ 軟果凍蠟…120g
- ☐ 白色色塊

奶茶配方

- ☐ 軟果凍蠟…120g
- ☐ 黃色色塊
- ☐ 棕色色塊

布丁配方

- ☐ 布丁蠟燭一個

  * 請參考 P.53〈雞蛋布丁蠟燭〉

〈 廚 具 準 備 〉

- ☐ 電子爐
- ☐ 不鏽鋼鍋
- ☐ 攪拌湯匙
- ☐ 刀子
- ☐ 玻璃杯

  * 請挑選杯壁沒有花紋的玻璃杯，以免花紋遮住杯中的飲料分層。

- ☐ 燭芯
- ☐ 燭芯針

TIPS → 鮮奶和奶茶蠟燭配方中的色塊，能讓透明果凍蠟呈現出半透明的乳白色和奶茶色，做出來的鮮奶和奶茶會更逼真喔。

只要你自認是手搖飲料控，那你絕對沒辦法拒絕這款口感十足的布丁珍奶。用果凍蠟特殊的質感，搭配隨手可得的布丁盒，就能做出香濃奶茶和 Q 彈布丁。一起動手做吧！

黑糖珍珠 | *Tapioca Balls*

影片連結

01 熔化黑糖珍珠配方的蠟材後，加入棕色色塊與一點紅色色塊，調製成深咖啡色。等蠟液稍微冷卻，呈現不燙手的溫度後，以攪拌匙取一小球，也能以燭芯針勾起，較方便取得一定分量。

02 蠟液放於手掌中快速搓圓，一定要在蠟還有溫度時進行，否則太過冷卻，凝固後將無法塑形。

03 塑成球型即可。建議做 20 顆以上，預備後續裝飾時能隨時取用，不用怕做太少不夠用。

「 **鮮奶** │ *Milk* 」　　　　「 **奶茶** │ *Milk Tea* 」

04 加熱熔化鮮奶配方之
蠟材，再加入白色色塊
攪拌均勻，即可完成鮮
奶蠟燭。

05 加熱熔化奶茶蠟燭配
方之蠟材，再加入棕色
與一點黃色色塊，調製
成自己喜歡的茶色後，
即完成奶茶蠟燭。

06 將鮮奶蠟燭倒入玻璃杯到約 6 分滿，等待表面凝固。

07 待鮮奶蠟燭八分乾時，將奶茶蠟燭倒入，可製作出漸層效果。

08 不鏽鋼針緊貼著杯壁，輕輕勾勒鮮奶與奶茶的交界處，稍微拉出自然的渲染線條。

09 等待蠟液表面完全凝固冷卻。

10 依照個人喜好，在頂端擺數顆珍珠蠟燭做裝飾。

11 將製作好的布丁蠟燭斜放在奶茶蠟燭表面，擺出自然生動的造型。

12 調整好整體位置，依喜好決定燭芯位置後，使用燭芯針穿孔。若不想直接穿在布丁正中央，可以插在飲料側邊。

13

將燭芯放入燭芯孔後，即完成布丁珍珠鮮奶茶蠟燭。

Beverage Candle: 03

小熊冰淇淋珍珠鮮奶茶蠟燭

Teddy Bear Ice Cream Boba Tea Candle

〈原料準備〉

琥珀珍珠配方

- ☐ 硬果凍蠟…40g
- ☐ 軟果凍蠟…10g（固定珍珠用）
- ☐ 棕色色塊

鮮奶配方

- ☐ 軟果凍蠟…120g
- ☐ 白色色塊

奶茶配方

- ☐ 硬果凍蠟…120g
- ☐ 紅色色塊
- ☐ 棕色色塊

奶霜配方

- ☐ C3 大豆蠟…20g

巧克力醬配方

- ☐ 硬果凍蠟…20g
- ☐ 棕色色塊
- ☐ 紅色色塊

小熊冰淇淋配方

- ☐ C3 大豆蠟…45g
- ☐ 黃色色塊
- ☐ 棕色色塊
- ☐ 深咖啡色黏土蠟…30g

> **NOTE** 黏土蠟用在熊頭的五官裝飾，製作方法請參考 P.58〈超萬用調色黏土蠟〉

裝飾

- ☐ 巧克力片蠟燭 1 片

〈廚具準備〉

- ☐ 電子爐
- ☐ 不鏽鋼鍋
- ☐ 攪拌湯匙
- ☐ 刀子
- ☐ 玻璃杯

* 請挑選杯壁沒有花紋的玻璃杯，以免花紋遮住杯中的飲料分層。

- ☐ 燭芯
- ☐ 燭芯針

 TIPS → 如果想調整鮮奶和奶茶的比例，可以再自行調整果凍蠟分量。

用有趣的技法將蠟燭變成香甜 Q 彈的琥珀珍珠，配上濃醇的鮮奶和奶茶，製造出美麗的漸層，最後加上一球可愛的小熊造型冰淇淋，好看又好玩，是相當適合小朋友與大人共同完成的創意蠟燭作品。

｢ 琥珀珍珠、鮮奶、奶茶 ｜ *Tapioca Balls, Milk & Milk Tea* ｣

01 三者做法與 P.176 ～ P.177 相同，唯琥珀珍珠的色塊改爲只加棕色色塊。

｢ 巧克力醬 ｜ *Chocolate Syrup* ｣

02 加熱熔化巧克力醬配方之蠟材，再加入棕色色塊與一點紅色色塊，調製成深咖啡色，即完成巧克力醬蠟燭。

｢ 奶霜 ｜ *Creama* ｣

03 熔化奶霜蠟燭配方後等待凝固，再用不鏽鋼湯匙剁成泥狀。

小熊冰淇淋 *Teddy Bear Ice Cream*

04 加熱熔化小熊冰淇淋配方之蠟材後，加入黃色、棕色色塊並攪拌均勻。待凝固至完全冷卻、表面無潮濕狀態後，用攪拌湯匙剃成細碎狀。

05 噴 1~2 下離型劑於冰淇淋挖勺中，使用的時候請在空氣流通處進行，並且小心噴嘴不要噴錯方向。

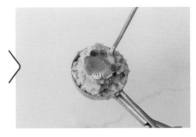

06 如同抹果醬的方式，用攪拌匙背面（也可用抹醬刀或一般刀子代替）將冰淇淋蠟填進挖勺中。

07 盡可能將冰淇淋蠟填滿挖勺，填滿後倒扣，以手掌將蠟往下壓，加強內部的緊實度。

08 取出冰淇淋蠟燭後，以手指稍微壓平表面。接著從鍋中另取一球蠟，搓成兩小球和一大球，分別為 2 個耳朵基底（直徑各 1cm）、1 個嘴巴基底（直徑 2cm）。用指腹將蠟球順圓，再各自壓扁成耳朵小圓片和嘴巴大圓片。

TIPS

從挖勺中取出的最大球冰淇淋蠟燭，因為是小熊的臉部基底，所以不要像製作一般冰淇淋蠟燭時，有那麼多的自然裂紋。需稍微壓平表面，以免臉部過於粗糙，不能呈現小熊的可愛五官，這點要特別注意！

09 另取深咖啡色黏土蠟，預備做耳朵、眼睛、鼻子和嘴巴。

10 將一小球黏土蠟置於冰淇淋大圓片上，做成鼻子。再取一小份黏土蠟搓成兩個細長條，放在鼻子的下方，成為嘴巴。黏土蠟本身有黏性，用手指輕壓即可固定。

11 在另外兩個小圓片上，放上咖啡色黏土蠟，做成耳朵。

12 將完成的嘴巴與鼻子固定在臉部基底上。

13 再放上耳朵。

14 最後再用黏土蠟做成 2 個眼睛，固定在臉部基底上。

「 **組裝** | *Assembling* 」

15 將琥珀珍珠蠟燭擺進玻璃杯中。由於之後倒入的奶茶蠟燭會凝固，不會像真的奶茶一樣能讓珍珠在裡面漂浮，所以我們需要將珍珠貼緊杯壁，避免在倒入奶茶蠟燭時移位，使得珍珠漂浮在底部的效果不明顯，或甚至看不到珍珠。

16 用燭芯針調整珍珠的位置，在珍珠跟珍珠之間直接塞入透明的軟果凍蠟，目的是將珍珠蠟燭固定在杯壁。

17 將鮮奶蠟燭倒入杯中。

18 鮮奶蠟燭倒入約 6 分滿後，等待冷卻。

19 1 分鐘後，待鮮奶層稍微凝固，再倒入奶茶蠟燭。以細流的方式倒入，以免速度太快會破壞掉底層。倒完後，等待 30 秒定型。

TIPS

這裡大家要注意相當重要的一點：切勿在倒入鮮奶蠟燭後，又立刻倒入下一層！因為兩層皆是高溫微凝固狀態，如果下一層蠟液過早倒入，會使兩個顏色混在一起，失去作品的漸層美感。

用燭芯針在蠟液中勾勒出自然的渲染線條效果。

21 等待奶茶蠟燭表面完全凝固後，取奶霜蠟燭填滿杯中，並用手指壓整表面，使奶霜更紮實。

22 將小熊冰淇淋蠟燭放在奶霜蠟燭上面，用手輕壓固定。

23 以少量慢流的方式，在杯子邊緣加上巧克力醬蠟燭。要避免一次加太多，以免醬流得太快而滴到桌子；也不要在太冷時操作，避免巧克力醬結塊在杯壁上。

24 滴完巧克力醬後，等待約 1 分鐘使其凝固。

25 燭芯針由上而下貫穿小熊冰淇淋與飲料底，穿洞時請小心，因爲這個作品結合了不同的蠟材（大豆蠟和軟果凍蠟），不要一下子施力過猛，以免小熊冰淇淋碎裂。

26 穿孔後，放入燭芯。

27

擺上巧克力片裝飾，即可完成這杯可愛又療癒的作品喔！

Beverage Candle: 04

生啤酒蠟燭

Draught Beer Candle

〈原料準備〉

啤酒液配方

- ☐ 軟果凍蠟…100g
- ☐ 黃色色塊

啤酒泡沫配方

- ☐ C3 大豆蠟…20g

〈廚具準備〉

- ☐ 電子爐
- ☐ 不鏽鋼鍋
- ☐ 攪拌湯匙
- ☐ 刀子
- ☐ 啤酒杯
- ☐ 燭芯
- ☐ 燭芯針

大餐過後，當然不能忘了來一杯透心涼的啤酒！大豆蠟凝固後綿密的質地，最適合用來做生動的啤酒泡沫；而果凍蠟透明度高，不同溫度可呈現不同的氣泡效果。運用簡單的技巧，花不到 10 分鐘就能完成這款啤酒蠟燭，送給爸爸或是親朋好友都適合。

「 **啤酒液** | *Beer* 」

製造出更多的啤酒氣泡！

想要做出啤酒液裡有很多氣泡的效果，可以等待果凍蠟液較冷時，用不鏽鋼湯匙快速攪拌，既加速蠟液冷卻，又能同時將空氣攪拌進去。但如果想要透度高、氣泡少，可以在蠟液拿離開電子爐後，直接於高溫狀態下倒入杯中，就能減少氣泡產生喔！

TIPS

01 加熱熔化啤酒蠟燭配方之蠟材，完全熔化後，加入黃色色塊，並將色塊攪拌均勻，即可完成啤酒液蠟燭。

「 **啤酒泡沫** | *Beer Head* 」

02 加熱蠟材到如同圖中半熔化時，將鍋子拿離開電子爐等待冷卻。

03 像打發奶油般，用攪拌湯匙快速攪拌蠟材，此步驟能使蠟變得更加綿密細緻。攪拌至如圖中的稠度即完成，放一旁備用。

「 組裝 」 *Assembling*

04 將啤酒液蠟燭倒入玻璃杯中，等待凝固。

05 再次加強攪拌準備好的泡沫層蠟燭，做出綿密且帶有氣泡感的奶霜型態。依照想要的量，將泡沫蠟燭放在啤酒液蠟燭上。

06 以指腹輕拍泡沫蠟燭，調整形狀後，燭芯針從蠟燭中心穿入。

07

最後將燭芯穿入，即完成生啤酒蠟燭。

Beverage Candle: 05

焦糖瑪奇朵咖啡蠟燭

Caramel Macchiato Candle

〈 原 料 準 備 〉

咖啡液配方

☐ 軟果凍蠟…120g
☐ 黃色色塊
☐ 棕色色塊

鮮奶配方

☐ 軟果凍蠟…100g
☐ 白色色塊

焦糖漿配方

☐ 硬果凍蠟…20g
☐ 黃色色塊
☐ 棕色色塊

〈 廚 具 準 備 〉

☐ 電子爐
☐ 不鏽鋼鍋
☐ 攪拌湯匙
☐ 馬克杯或玻璃杯
☐ 燭芯
☐ 燭芯針

冬天，適合做一杯暖呼呼的焦糖瑪奇朵咖啡蠟燭。利用前面提到的果凍蠟渲染流動特性，以及顏色區分的概念，就能製作出擬真的咖啡拉花喔。人人都可以成為拉花大師！

「 咖啡液 」 *Coffee Layer*

01 熔化咖啡液配方之蠟材後，加入棕色、黃色色塊，調製成自己喜歡的咖啡色濃度。攪拌均勻後，即完成咖啡液蠟燭，並預留一半蠟液以供後續混合。

「 鮮奶 」 *Milk*

02 加熱熔化鮮奶配方之蠟材後，加入白色色塊攪拌均勻，即完成鮮奶蠟燭，並預留一半蠟液以供後續混合。

「 咖啡牛奶 」 *Café au Lait*

03 另取乾淨的鍋子，倒入預留的兩種蠟液，攪拌均勻至完全熔合，調製成淺色的咖啡牛奶蠟燭。若想調得較深，鮮奶蠟燭放少一點即可。

「 組裝 」 *Assembling*

04 咖啡液蠟燭倒入杯中。

05 倒入至杯中約八分滿。

06 等待約 5 分鐘，咖啡層凝固時，將咖啡牛奶色的淺色蠟燭慢慢倒入。

07 倒入咖啡牛奶至杯中 9 分滿，等待至 8 分乾。

08 蠟液 8 分乾時，以不鏽鋼湯匙加入鮮奶蠟燭，勾勒出喜歡的圖案。

09 等待整體凝固，讓兩色融合定型。

10 取燭芯針穿出燭芯孔。

11 於孔中穿入燭芯，即可完成咖啡拉花蠟燭。

TIPS → **淋上焦糖漿！**

加熱熔化焦糖漿配方之蠟材，加入黃色色塊後攪拌均勻。

於前面做好的咖啡拉花蠟燭表面上，補滿鮮奶蠟燭，再淋上焦糖漿，畫出自己喜歡的圖案。最後插入燭芯，就完成焦糖瑪琪朵咖啡蠟燭囉。

春日櫻桃花氣泡飲蠟燭

Springtime Cherryblossom Soda Candle

〈 原 料 準 備 〉

氣泡飲配方

☐ 第 1 層 - 軟果凍蠟⋯30g
☐ 第 2 層 - 軟果凍蠟⋯40g
☐ 紅色色塊

粉紅小花配方

☐ 黃色和粉色黏土蠟

  * 製作方法請參考
  P.58〈超萬用調色黏土蠟〉

其他

☐ 裝飾用金箔
☐ 櫻桃蠟燭兩個

  * 製作方法請參考
  P.49〈草莓和櫻桃蠟燭〉

〈 廚 具 準 備 〉

☐ 電子爐
☐ 不鏽鋼鍋
☐ 攪拌湯匙
☐ 刀子
☐ 玻璃杯
☐ 燭芯
☐ 燭芯針

TIPS ➞ **讓飲料漸層好看的
小技巧**

可以隨個人喜好去變化飲料的
漸層配色，例如：藍色配黃色
漸層、紅色配橘色漸層、綠色
配黃色漸層等。注意一個小要
點，將較深的顏色放在第一層，
也就是杯子底部，這樣視覺上
才不會頭重腳輕喔。

來一杯粉嫩的少女心飲料迎接春天吧！我們可以用不同的蠟材，呈現各種春分元素：以果凍蠟的輕透展現氣泡飲質感，利用黏土蠟塑造花朵小配件，最後再點綴一顆鮮嫩多汁的紅櫻桃。大家也能自行變化出四季的各種配色，製作出一系列精緻的創意飲品蠟燭喔！

「 粉紅小花 」 *Pink Flower Topping*

01 取出粉色黏土蠟，搓成長條狀，製作成圖中的花瓣。

02 重複第一個步驟，共製作五片花瓣，排列成花朵的形狀。

03 用燭芯針在每片花瓣上拉出紋路。

04 取出黃色黏土蠟，搓圓成一小球後，放在花朵中間。

05 用燭芯針在黃色蠟球上隨意插幾個孔洞，製作成花蕊。

06 完成後即可做出一朵粉色小花，可依自己的喜好，應用此技法變化出不同的花瓣形狀和顏色。

「 氣泡飲 | *Soda* 」

07 把第一層的軟果凍蠟配方，直接用手隨意剝成不規則塊狀。

08 將果凍蠟填進杯底，盡量往杯子壁面貼緊。

09 加熱熔化第二層的果凍蠟配方，再加入紅色色塊。無需特別攪拌均匀，刻意的讓色塊不均匀熔化，更能呈現渲染出來的色澤。

10 將調色後的果凍蠟倒入杯中，等待表面凝固。

「 組裝 」 *Assembling*

11 冷卻後的果凍蠟不容易與其他蠟材固定在一起，故此時需要用熱風槍稍微吹熱表層，使其稍微熔化，比較好固定下一步要放的櫻桃蠟燭配件（石蠟製）。

12 把準備好的櫻桃蠟燭，依照個人喜好擺在飲料表面。

13 將製作好的花朵裝飾在氣泡飲上。

14 用燭芯針從正中心穿出燭芯孔。

15

放入燭芯後，即可完成春日櫻桃花氣泡飲蠟燭。

微笑雲朵氣泡飲蠟燭

Smiling Cloud Soda Candle

〈原料準備〉

天空配方

- ☐ 軟果凍蠟…130g
- ☐ 藍色色塊

雲朵配方

- ☐ 大豆蠟…30g

微笑雲朵臉配方

- ☐ 本體 - 白色黏土蠟…10g
- ☐ 五官 - 黑色黏土蠟…2g
- ☐ 腮紅 - 紅色酒精墨水顏料

其他

- ☐ 粉色和藍色黏土蠟
  * 製作方法請參考
  P.58〈超萬用調色黏土蠟〉。
- ☐ 草莓蠟燭 2 顆
- ☐ 裝飾用金箔

〈廚具準備〉

- ☐ 電子爐
- ☐ 不鏽鋼鍋
- ☐ 攪拌湯匙
- ☐ 刀子
- ☐ 玻璃杯
  * 爲了能清楚看到杯中的雲朵
  蠟燭，請挑選杯身無曲線也無
  圖案的玻璃杯。

- ☐ 燭芯
- ☐ 燭芯針
- ☐ 筆刷
- ☐ 酒精

以果凍蠟透亮的質地，做出輕柔的天藍色系飲料；用黏土蠟製作軟綿綿的雲朵，並且將雲朵卡通化，做出五官和表情，最後點綴上彩色小球……享受療癒有趣的創作過程，在這片天空發揮自己的創意風格吧！

「 **天空** 」 *Blue Sky*

01 熔化天空蠟燭配方之蠟材，加入藍色色塊攪拌均勻後，擺在一旁備用。記得不要一次下太多色塊，因爲果凍蠟是透明的，會比一般大豆蠟更顯色，如果一次加太多，會造成顏色太濃不夠透亮。

「 **雲朵** 」 *Cloud*

02 加熱熔化雲朵蠟燭配方，熔到一半時，拿離開電子爐，等待完全冷卻。凝固後的蠟材再取攪拌匙剁成如圖所示的泥狀，完成後擺一旁備用。

「 **微笑雲朵臉** 」 *Smiling Cloud*

03 取白色黏土蠟捏成各種不同大小的圓形，拼貼在一起，稍微塑形成雲朵的輪廓。

04 將雲朵蠟燭的表面壓製平整。

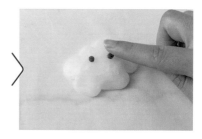

05 取黑色黏土蠟搓圓壓扁，點綴成雲朵的眼睛。

06	再取一點黑色黏土蠟搓成細長條，製作成嘴巴。可隨興製作成不同的表情，像玩黏土一樣的自由發揮！

07	用筆刷沾取些許紅色酒精墨水顏料，點在雲朵的左右臉頰上，讓雲朵的造型更加生動活潑。

「 **組裝** 」 *Assembling*

08	以不鏽鋼湯匙挖取備用的雲朵蠟燭。

09	利用湯匙背面的圓弧，施力將雲朵蠟燭壓在杯子內壁，可自行決定雲朵的大小和分布的位置。

10	用衛生紙沾取酒精，將雲朵以外不小心弄髒的地方擦拭乾淨。

11 將準備好的天空蠟燭加熱熔化後，倒入已經貼上雲朵蠟燭的杯子。可保留杯中自然產生的氣泡，增加飲料蠟燭的氣泡感，接著等待果凍蠟表面完全凝固。

TIPS

豐富天空的層次感！

也可以用兩種顏色搭配製作成漸層，例如第一層爲藍色天空蠟燭，第二層倒入透明無色的果凍蠟，讓天空更有層次。或是調成各種不同的天空顏色，例如晚霞、夕陽色等。

12 冷卻後的果凍蠟不容易與其他蠟材固定在一起（後續裝飾的草莓蠟燭爲石蠟製），故需用熱風槍稍微吹熱飲料表面，使其稍微熔化以固定配件。

13 取微笑雲朵臉和草莓蠟燭，裝飾在表面加熱後的天空蠟燭上。

14 取數顆粉色和藍色的黏土蠟，搓圓備用。

15 以燭芯針取出金箔。

16 擺上備用的粉色與藍色黏土蠟球後，點上金箔。

17 取燭芯針由飲料正中間穿入。

18 將燭芯穿入即完成。

楊枝甘露蠟燭

Mango Pomelo Sago Candle

〈原料準備〉

西米露配方

- ☐ 硬果凍蠟…10g

  * 可製作 20-30 顆西米露

椰奶配方

- ☐ 軟果凍蠟…30g
- ☐ 白色色塊

芒果塊配方

- ☐ 120 石蠟…50g
- ☐ 黃色色塊

芒果汁配方

- ☐ 軟果凍蠟…150g
- ☐ 黃色色塊
- ☐ 白色色塊

葡萄柚碎粒配方

- ☐ 硬果凍蠟…2g
- ☐ 紅色色塊

綠葉配方

- ☐ 蜂蠟…2g
- ☐ 綠色色塊

〈廚具準備〉

- ☐ 電子爐
- ☐ 不鏽鋼鍋
- ☐ 攪拌湯匙
- ☐ 刀子
- ☐ 玻璃碗
- ☐ 燭芯
- ☐ 燭芯針

要做出在香港歷久不衰的甜品「楊枝甘露」，我們能運用製作珍珠蠟燭的方法，做出顆粒較小的西米露；運用石蠟半透明的特性，呈現鮮甜多汁的芒果塊；再運用果凍蠟的質地，做出芒果液和椰奶的微透明感。多種蠟材交互結合下，色彩鮮豔的經典港點就完成啦！

「 西米露 」 *Sago*

01 加熱熔化西米露蠟燭配方，等待蠟材稍微冷卻，呈現不燙手的溫度後，取一小球放置於手中快速搓圓。

02 用手指輕輕塑型至蠟燭冷卻。要注意西米露的大小只有珍珠的一半，做出來才會精緻擬真，做得太大顆會變成珍珠喔。

03 製作 20~30 顆西米露蠟燭備用。

塑形硬果凍蠟時，一定要拿捏好操作時間，必須在蠟液還有溫度時進行塑形，時間大約只有 10 秒鐘。若不小心凝固了，只需放回鍋中再次加熱即可。

TIPS

「 椰奶 」 *Coconut Milk*

04 另取乾淨的鍋子加熱熔化椰奶配方的蠟材，再加入白色色塊攪拌均勻備用。

「 芒果塊 」　*Mango Slices*

05 將芒果塊配方的蠟材加熱至完全熔化，再加入黃色色塊攪拌均勻。

06 等待蠟液完全凝固後，用刀子將蠟塊挖出。

07 用手指輕輕壓出芒果塊的形狀和邊角。

08 再將蠟塊切成大小不一的塊狀，即可完成芒果塊蠟燭。

「 芒果汁 」 *Mango Juice*

09 加熱熔化芒果汁配方的蠟材，再加入黃色及白色色塊攪拌均勻。

10 取一個喜歡的碗，倒入芒果汁蠟燭。

11 等待芒果汁呈現8分乾後，取不鏽鋼湯匙舀椰奶於表面裝飾，可自行調整椰奶的位置，製作出自然的淋面感。

「 葡萄柚碎粒 」 *Pomelo Topping*

12 加熱熔化葡萄柚碎粒之蠟材後，加入紅色色塊攪拌均勻並等待凝固，之後從鍋中取出，隨意剪成塊狀。

TIPS

如何判斷蠟燭為 8 分乾狀態？

可拿筷子輕戳蠟燭表面，如果感覺到阻力且筷子不是很好戳進去，即代表底部已凝固，但8分乾的表面仍有一定溫度。

剪成如圖中一樣細長的
葡萄柚碎粒即可,無需
特別修飾外型。

綠葉 | *Leaf Topping* |

14 加熱熔化綠葉配方,待
其完全凝固後,以刀子
刮成片狀,再用手輕捏
出葉子的形狀。

15 因為第二層的椰奶很薄，凝固速度很快，故需要以熱風槍稍微將表面吹熱，讓後續的配件能夠固定在上面。

16 將準備好的西米露放在表面。

17 擺上芒果塊。

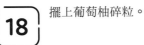
18 擺上葡萄柚碎粒。

19 擺上綠葉蠟燭，取燭芯針在蠟燭中心穿洞。

20

放入燭芯即完成楊枝甘露蠟燭。

紫色水晶洞蠟燭

Amethyst Geode Candle

〈 原 料 準 備 〉

礦石蠟燭

- ☐ 棕櫚蠟…200g
- ☐ 黑色色塊

（依照喜好決定加入的多寡）

紫水晶蠟燭

- ☐ 硬果凍蠟…40g
- ☐ 藍色色塊
- ☐ 紅色色塊

白水晶蠟燭

- ☐ 硬果凍蠟…10g

組裝黏著用

- ☐ 硬果凍蠟…5g

〈 廚 具 準 備 〉

- ☐ 電子爐
- ☐ 不鏽鋼鍋
- ☐ 攪拌湯匙
- ☐ 刀子
- ☐ 燭芯
- ☐ 燭芯針
- ☐ 鉗子或鑷子
- ☐ 礦石模具

NOTE 模具製作方法請參考 P.31〈翻模〉

除了美食以外，加碼一款人見人愛的水晶洞蠟燭！擬真精緻的紫水晶和水晶石洞，相當適合節慶送禮，保證讓人眼睛一亮。利用棕櫚蠟模擬石頭的結晶，再用清澈透明的果凍蠟，製作成閃亮亮的水晶。兩種簡單的蠟材，搭配我研發出的好玩技巧，就能巧妙的將兩者合而為一！

「 白水晶 」 *Rock Crystal*

01 取出白水晶蠟材，無需調色，直接用剪刀剪成碎塊。

02

剪取時，以剪小三角形的方式，讓蠟材變成不規則簇狀。

「 **紫水晶** 」 *Amethyst*

03 加熱熔化紫水晶之蠟
材後，加入紅色和藍色
色塊，調製成想要的紫
水晶塊顏色。調完後，等待蠟
材凝固冷卻。

04 果凍蠟完全凝固後會
呈現片狀，直接從鍋中
取出使用。

05 用剪刀將果凍蠟剪成碎塊，大
小約為 0.8~1 公分。

TIPS

**從水晶塊尺寸做出
細節**

紫水晶會比白水晶來
得大一些，才能在最
後組裝排列時，做出
自然形態的水晶洞。

「 **礦石** | *The Geode* 」

[06] 熔化礦石蠟燭的蠟材配方後加入黑色色塊，調製成自己想要的石頭色。不同的自然色澤，都會呈現出意想不到的美麗效果。

[07] 調製完成後，以不鏽鋼湯匙輔助，將蠟液倒入矽膠礦石模具中。

NOTE

輔助的目的在於蠟液會順著湯匙流進模具中，避免倒蠟時，蠟液從杯緣流出。

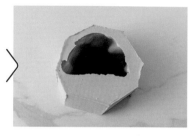

[08] 將蠟倒滿模具後，等待蠟液凝固。

[09] 放在室溫下約 2 小時後，確認模具內的礦石完全凝固（用手觸摸礦石表面，可感覺到微溫），即可將礦石蠟燭從模具中取出。

[10] 從模具中取出的礦石蠟燭樣貌。

[11] 用刀子將礦石蠟燭由中心點向外挖鑿出凹洞。由於蠟燭沒有完全凝固，蠟中間還是有餘溫，故透過鑿出的洞讓裡面的蠟液流出，能減少後續鑿洞的時間。

12 繼續用刀子將礦石挖出自己想要的開口範圍，建議邊緣留約 1 公分厚。

NOTE

挖鑿時不可太用力，以免刀子穿破礦石蠟燭造成受傷。

13 加熱熔化黏著用的果凍蠟，再以鉗子或鑷子夾取紫色水晶來沾取蠟液。

14 沾取果凍蠟液後，立即將紫水晶擺入礦石洞穴中。一定要趁蠟液還沒凝固就要趕快擺好，以免無法順利固定喔！

TIPS

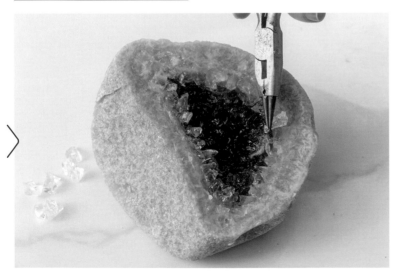

15 將紫水晶貼滿整個礦石洞後，於最外緣黏貼上先前剪好的透明白水晶蠟塊（同樣要沾取果凍蠟液）。最後以燭芯針穿孔再插入燭芯，即完成紫色水晶洞蠟燭。

水晶排列小秘訣

排列時，可以內層為紫水晶，漸變到最外層的透明水晶，如此可讓顏色呈現漂亮的漸層，而點綴白水晶當亮點，更讓整個水晶洞充分展現低調沈穩的質感。

要製作擬真食物蠟燭，大家其實可直接就地取材，使用家中閒置的器具（如鍋子、湯匙、刀子等）。而蠟材等材料，除了實體店家外，也可在網路購買。海外讀者若在當地不方便購買，可透過網路訂購。這裡推薦幾間我時常選購的優良店家，大家依照自己需求挑選即可。

材料	店家名稱
蠟材	樂沐手作 蠟材行
色塊 (Pigment Chips)	Candle studio - 代購：https://shopee.tw/ruby851121 - 原廠：https://candleworks.co.kr 註：大多為韓國代購，需等待約5~7天出貨日，不時有少數顏色會有現貨。
酒精墨水顏料 (Pinata, Ranger)	FloColor 流彩美創
香精	樂沐手作 蠟材行 帝一化工（有實體店） 城乙化工（有實體店）
矽膠	亞洲矽膠 城乙化工（有實體店）
燭芯	樂沐手作 蠟材行
不銹鋼燭芯針	蠟材行
不鏽鋼鍋	icolor 大創百貨
電磁爐	大家源（TCY-3911） 飛利浦（HD4924） 小米（DCL01CM）
其他用具	一般五金行 賣場
工業級熱風槍	一般五金行 蝦皮購物 註：價格約 500～700 元上下。

廠商	網址
樂沐手作	https://lemu.com.tw
蠟材行	https://shopee.tw/llg9222718
城乙化工	https://www.meru.com.tw
帝一化工	https://shop.dechemical.com.tw
亞洲矽膠	https://shopee.tw/miu110
大家源家電	https://www.tcylife.com.tw
台灣飛利浦家電	https://www.philips-da.com.tw
小米	https://www.mi.com/tw
icolor	https://www.icolor-shop.com.tw
大創百貨	https://www.daiso.com.tw
FloColor 流彩美創	https://shopee.tw/flocolor

「擬真食物蠟燭實體創業班／技法專修班課程」9折 報名即加贈「隨機單品教學課程」一堂

83Studio 藝術學院

使 用 期 限 至 2024.1.31

使用方式:

持本券至 83Studio 藝術學院,並於結帳時出示折價券,即可享有消費優惠。
使用後將由現場人員註記,不得重複使用。

注意事項:

1. 本券過期即失效,不可與其他優惠並用。
2. 本券限於 83Studio 藝術學院使用。
3. 影印偽造無效,並追究法律責任。
4. 83Studio 藝術學院有權決定取消、終止或修改本活動。

83Studio 藝術學院地址:

新北市中和區民享街 35 巷 9 號 1 樓

作　　　者　李曾霈（端端）
美術設計　腳啾
平面攝影　璞眞奕睿影像工作室、Lin

社　　　長　張淑貞
總 編 輯　許貝羚
責任編輯　吳欣穎
行銷企劃　呂玠蓉

發 行 人　何飛鵬
事業群總經理　李淑霞
出　　版　城邦文化事業股份有限公司 麥浩斯出版
地　　址　104 台北市民生東路二段 141 號 8 樓
電　　話　02-2500-7578
傳　　眞　02-2500-1915
購書專線　0800-020-299

發　行　英屬蓋曼群島商家庭傳媒股份有限公司城邦分公司
地　　址　104 台北市民生東路二段 141 號 2 樓
電　　話　02-2500-0888
讀者服務電話　0800-020-299　　（9:30AM~12:00PM；01:30PM~05:00PM）
讀者服務傳眞　02-2517-0999
讀者服務信箱　csc@cite.com.tw
劃撥帳號　19833516
戶　名　英屬蓋曼群島商家庭傳媒股份有限公司城邦分公司

香港發行　城邦（香港）出版集團有限公司
地　　址　香港九龍九龍城土瓜灣道 86 號順聯工業大廈 6 樓 A 室
電　　話　852-2508-6231
傳　　眞　852-2578-9337

馬新發行　城邦（馬新）出版集團 Cite（M）Sdn. Bhd.（458372U）
地　　址　41, Jalan Radin Anum, Bandar Baru Sri Petaling, 57000 Kuala Lumpur, Malaysia
電　　話　603-90578822
傳　　眞　603-90576622

製版印刷　凱林印刷事業股份有限公司
總經銷　聯合發行股份有限公司
電　　話　02-2917-8022
傳　　眞　02-2915-6275

版　次　初版一刷 2023 年 11 月
定　價　新台幣 580 元／港幣 193 元

Printed in Taiwan

李曾霈（端端）— 著

擬眞
食物造型蠟燭

媽媽說不可以玩食物，但這裡可以！

》用蠟材做出 32 款逼眞美味

國家圖書館出版品預行編目 (CIP) 資料

擬真食物造型蠟燭：媽媽說不可以玩食物，但這裡可以！
用蠟材做出 32 款逼真美味／李曾霈作 . -- 初版 . -- 臺北
市：城邦文化事業股份有限公司麥浩斯出版：英屬蓋曼群
島商家庭傳媒股份有限公司城邦分公司發行, 2023.11
　面；　公分
ISBN 978-986-408-957-4（平裝）
1.CST: 蠟燭 2.CST: 手工藝
479.79　　　　　　　　　　　　　　　112011734